冷轧带钢板形控制系统优化策略

闫注文◎著

THE OPTIMIZATION STRATEGY IN
COLD ROLLING STRIP FLATNESS
CONTROL SYSTEM

U0363533

北京理工大学出版社
BEIJING INSTITUTE OF TECHNOLOGY PRESS

图书在版编目（CIP）数据

冷轧带钢板形控制系统优化策略/闫注文著. —北京：北京理工大学出版社，2021.1

ISBN 978 - 7 - 5682 - 8978 - 8

Ⅰ.①冷… Ⅱ.①闫… Ⅲ.①冷连轧 - 带钢 - 板形控制 Ⅳ.①TG335.5

中国版本图书馆 CIP 数据核字（2020）第 163496 号

出版发行／北京理工大学出版社有限责任公司
社　　址／北京市海淀区中关村南大街 5 号
邮　　编／100081
电　　话／（010）68914775（总编室）
　　　　　（010）82562903（教材售后服务热线）
　　　　　（010）68948351（其他图书服务热线）
网　　址／http：//www.bitpress.com.cn
经　　销／全国各地新华书店
印　　刷／保定市中画美凯印刷有限公司
开　　本／710 毫米 ×1000 毫米　1/16
印　　张／12.75　　　　　　　　　　　　　　　　责任编辑／孙　澍
字　　数／193 千字　　　　　　　　　　　　　　　文案编辑／孙　澍
版　　次／2021 年 1 月第 1 版　2021 年 1 月第 1 次印刷　　责任校对／周瑞红
定　　价／57.00 元　　　　　　　　　　　　　　　责任印制／李志强

冷轧板形控制技术是冷轧板带加工的核心技术之一。近年来，随着我国钢铁行业发展由粗放型转变为产业结构转型阶段，冷轧带钢的板形质量在企业的竞争中占有越来越重要的地位。本书以某 1 450mm 五机架冷轧机组的板形控制系统升级改造项目为背景，在分析与研究板形控制基础模型的前提下，对板形控制系统中的核心模型进行优化与改善，并将研究成果应用于实际生产，取得了良好的控制效果。主要研究内容如下：

（1）基于辊系变形方程建立了辊间压力的迭代矩阵，分析了轧辊弹性变形和轧辊压扁对带钢板形的影响效果。研究了板形曲线设定中的不均匀温度补偿、卷取补偿及边部减薄补偿，并计算了板形测量值处理中的径向力、包角及面积覆盖因子。同时，研究了板形执行器调节量寻优模型，并基于容许方向法和单纯形法，设计了一种板形执行器调节量计算方法，该方法可以满足板形在线控制计算精度的要求。

（2）提出了一种板形控制系统协同优化分配策略，并设计了基于神经网络和 Topkis – Veinott（T-V）的协同优化算法。通过结合搜索与学习两类思维模式，改善搜索方向的确定方式并降低迭代轨迹走相似路线的可能性，确保了工作辊弯辊与中间辊弯辊调节方向的一致性，有效地避免了调节效果相互抵消的情况，同时大幅减轻了轧辊的磨损程度。

（3）提出了一种板形调节策略库模型，通过建立板形状况分析模型，并采用人工神经网络及遗传算法分别求解实际板形判别因子及板形调节执行机构调节量，根据判别因子的合理区间范围选择最优的调节机构组合方式，可以精准地为实际板形缺陷选择合理的板形调控手段，在充分发挥轧机板形调节能力的基础上，提高带钢板形的控制精度。

（4）设计了一种板形目标曲线动态调节模型，并提出了基于GENOCOP的混合算法。通过分析调节机构饱和状态与板形目标曲线设定之间的关系，并求解调节机构饱和状态下消除板形偏差所需要的板形目标曲线干预量，可以成功地避免常规干预中板形系数过度调节或调节不充分的问题，并克服了常规干预只能调节单一板形系数的缺点，实现了对全部板形系数的全局调控功能。

（5）介绍了某1 450mm五机架冷轧机组板形控制系统升级改造项目中的硬件配置、主界面功能、调节流程界面功能及调节参数界面功能。计算了板形控制系统中各类增益系数和执行机构的调节速度。针对薄规格带钢、常规规格带钢及厚规格带钢分别分析优化前后的板形控制效果，应用结果表明，优化后的板形控制系统运行稳定，板形控制精度显著提高。

本书内容是基于作者在带钢生产线的实际调试经验和近期的科研成果整理而成的，在此书出版之际，向张殿华教授、李旭副教授、孙杰副教授和书稿的评阅人等致以崇高的敬意和由衷的感谢。谨以此书献给我的妻子卜赫男博士，感谢她多年来所给予我的家庭温暖，使我可以全身心地投入科研工作。

本书的出版和相关研究工作得到了江苏省自然科学基金青年基金项目《板形执行器超幅调节和抵消效应下策略库深度学习模型的研究》（BK20181024）和《基于大数据的冷轧带钢板形预设定智能优化研究》（BK20180977）、国家自然科学基金青年基金项目《冷轧带钢预设定过程板形板厚耦合特性研究及协调优化》（51804133）、南京工程学院校级科研基金项目《板形执行机构协同调节策略研究》（YKJ201867）的资助，在此表示感谢。

闫注文

目　录
CONTENTS

第1章　绪　论 ……………………………………………… 001

1.1　课题研究的背景和意义 ………………………………… 001

1.2　板形调节机构 …………………………………………… 002

　　1.2.1　轧辊横移 ……………………………………… 002

　　1.2.2　轧辊倾斜 ……………………………………… 003

　　1.2.3　轧辊弯辊 ……………………………………… 004

　　1.2.4　轧辊分段冷却 ………………………………… 004

1.3　板形测量机构 …………………………………………… 007

　　1.3.1　ASEA 板形辊 ………………………………… 007

　　1.3.2　CLECIM 板形辊 ……………………………… 008

　　1.3.3　激光板形仪 …………………………………… 008

　　1.3.4　压电式板形辊 ………………………………… 009

　　1.3.5　压磁式板形辊 ………………………………… 010

1.4　板形的数学表示 ………………………………………… 010

1.5　板形控制方法的发展 …………………………………… 014

1.6　板形理论的发展 ………………………………………… 015

　　1.6.1　变分法 ………………………………………… 016

　　1.6.2　解析法 ………………………………………… 016

　　　　1.6.3　有限元法 ··· 017

　　　　1.6.4　影响函数法 ·· 018

　　1.7　板形控制模型的发展 ··· 019

　　　　1.7.1　板形预设定控制模型的发展 ······························· 019

　　　　1.7.2　板形前馈控制模型的发展 ·································· 021

　　　　1.7.3　板形反馈控制模型的发展 ·································· 022

　　1.8　本章小结 ··· 024

第 2 章　板形控制基础模型的研究 ·· 026

　　2.1　板形曲线设定模型 ··· 026

　　　　2.1.1　标准板形目标曲线 ·· 027

　　　　2.1.2　不均匀温度分布补偿曲线 ·································· 027

　　　　2.1.3　卷取补偿曲线 ·· 028

　　　　2.1.4　边部减薄补偿曲线 ·· 029

　　　　2.1.5　执行器手动修正量补偿曲线 ······························· 029

　　2.2　板形测量值处理模型 ··· 030

　　2.3　塑性变形模型 ··· 032

　　2.4　板形调节系数模型 ··· 032

　　　　2.4.1　板形调节系数的影响因素 ·································· 033

　　　　2.4.2　板形调节系数的自适应 ····································· 033

　　2.5　影响函数法的研究 ··· 034

　　　　2.5.1　辊系弯曲影响函数 ·· 034

　　　　2.5.2　轧辊压扁影响函数 ·· 036

　　　　2.5.3　辊系变形方程 ·· 037

　　　　2.5.4　实例计算 ··· 039

　　2.6　板形最优控制算法 ··· 042

　　　　2.6.1　评价函数 ··· 042

　　　　2.6.2　约束条件 ··· 042

　　　　2.6.3　板形最优调节量 ··· 043

　　　　2.6.4　实例计算 ··· 046

　　2.7　本章小结 ··· 051

第3章　冷轧板形控制系统协同优化分配策略的研究 ………… 052

3.1　板形控制系统的构成 ……………………………………… 052

3.2　板形调节机构设定模型 …………………………………… 053

3.3　目标曲线设定方法 ………………………………………… 053

3.4　设定计算类型 ……………………………………………… 054

3.5　板形控制中的跨学科方法 ………………………………… 055

3.6　板形执行机构调节方向约束算子 ………………………… 056

3.7　T-V搜索方向的确定 ……………………………………… 057

3.8　搜索思维模式 ……………………………………………… 059

3.9　学习思维模式 ……………………………………………… 059

3.10　AINTV协同优化步骤 …………………………………… 061

3.11　应用效果 ………………………………………………… 063

　　3.11.1　中间辊弯辊与工作辊弯辊的效果 ……………… 065

　　3.11.2　协同优化分配策略与常规方法的效果 ………… 069

　　3.11.3　不同硬度带钢的控制效果对比 ………………… 080

3.12　本章小结 ………………………………………………… 096

第4章　板形控制执行机构调节策略的研究 ………………… 097

4.1　非对称弯辊控制方法 ……………………………………… 097

4.2　板形调节手段替代模型 …………………………………… 098

4.3　中间辊横移速度调节方法 ………………………………… 099

4.4　板形执行器控制策略 ……………………………………… 100

　　4.4.1　执行器策略库评价函数 …………………………… 100

　　4.4.2　执行器调节效率 …………………………………… 102

　　4.4.3　执行器调节策略 …………………………………… 104

　　4.4.4　执行器调节策略控制算法 ………………………… 107

4.5　控制效果分析 ……………………………………………… 115

　　4.5.1　不同带钢宽度的板形控制效果 …………………… 115

　　4.5.2　不同轧制力的板形控制效果 ……………………… 117

　　4.5.3　不同压下量的板形控制效果 ……………………… 119

4.6　本章小结 …………………………………………………… 121

第 5 章　板形目标曲线动态调节的研究 ………………………… 122

5.1　板形目标曲线系数 ………………………… 122

5.2　板形目标曲线动态调节的评价函数 ………………………… 123

5.3　板形目标曲线动态调节的修正方案 ………………………… 124

5.4　板形目标曲线动态调节混合算法 ………………………… 125

　　5.4.1　混合算法的理论基础 ………………………… 125

　　5.4.2　混合算法搜索方向的确定 ………………………… 126

　　5.4.3　混合算法搜索方向的寻优 ………………………… 129

　　5.4.4　混合算法流程 ………………………… 135

5.5　应用效果 ………………………… 137

　　5.5.1　板形目标曲线动态调节模型消除对称
　　　　　　板形缺陷的控制效果 ………………………… 139

　　5.5.2　轧制速度变化引起的板形偏差的调节效果 ………… 143

　　5.5.3　出口厚度变化引起的板形偏差的调节效果 ………… 145

5.6　本章小结 ………………………… 148

第 6 章　板形控制系统的应用 ………………………… 149

6.1　板形控制系统数据通信 ………………………… 149

6.2　板形控制系统在线诊断 ………………………… 150

6.3　板形控制系统同步 ………………………… 151

6.4　板形控制系统数据传输 ………………………… 152

6.5　板形控制系统硬件 ………………………… 153

　　6.5.1　机架 UR5213 ………………………… 153

　　6.5.2　中央处理单元 CPU551 ………………………… 154

　　6.5.3　通信模板 CP50M0 ………………………… 155

　　6.5.4　通信模板 CP51M1 ………………………… 157

6.6　板形控制系统功能 ………………………… 157

　　6.6.1　板形控制系统主界面功能 ………………………… 158

　　6.6.2　板形控制系统调节流程界面功能 ………………… 158

　　6.6.3　板形控制系统调节参数界面功能 ………………… 164

6.7　板形控制效果分析 ………………………… 164

6.7.1　厚规格带钢板形控制效果 …………………………… 167

6.7.2　常规规格带钢板形控制效果 ………………………… 169

6.7.3　薄规格带钢板形控制效果 …………………………… 171

6.8　本章小结 ………………………………………………… 173

第7章　结　论 ………………………………………………… 175

参考文献 ……………………………………………………… 177

第1章　绪　论

1.1　课题研究的背景和意义

近年来，由于我国钢铁行业板带材产能过剩情况日益严重，如何生产出高质量的冷轧带钢成为亟待解决的难题。冷轧板形控制技术是冷轧技术领域最核心的内容，板形质量的好坏反映了国家钢铁工业技术水平的高低，是衡量冷轧带钢质量的重要指标。随着我国国民经济结构性升级，各行业对冷轧板带材的板形质量提出了更严格的要求[1]。板形控制系统与板形核心模型的优化将成为研究的热点与难点。

冷轧生产工艺技术复杂，设备装备水平要求很高。以我国目前的实力，已经能够进行冷轧生产线控制系统的开发、一些工艺的设计和部分设备的建造[2]。然而，在核心技术和硬件设备的生产方面依然依靠进口。鉴于核心技术和设备的引进成本较高，在我国的钢铁企业中，相对中小型的钢铁企业而言，只有大型的钢铁集团才能够承担起装配的费用，这对于我国在整体上提高冷轧带钢产品等级的生产能力造成的阻碍是无法忽视的，克服这一困难是每一位钢铁人肩膀上神圣而庄严的责任。

尤其是冷连轧机板形控制系统这样极其复杂并且精度极高的控制系统，其核心技术仍然掌握在国外企业手中。为了实现技术垄断，国外公司通常将核心技术进行保密处理。从国外购买的板形控制系统中，重要数学模型和关键的控制功能往往只显示输入初始值和计算的最终结果，具体操作顺序和运算过程以"黑箱"的形式呈现在我国技术工作者面前。当面对板形控制系统升级和新功能、新产品开发时，将面临巨大的困难和挑战，对今后系统维护工作也将带来极大的不便。同时，引进的板形控制系统也存在着缺点和不足，部分钢铁生产企业对于从国外购买的板形控制系统没有形成系统的科学认识，板形控制系统工作原理的复杂性和控制功能的多样性并没有在企业技术团队中得到足够的了解和熟练的掌握[3~5]。在实际生产操作中，盲目的应用现象往往无法从根本上避免，板形控制系统实际上仅仅发挥出一部分作用，无法从真正意义上提升冷轧带钢成品的板形等级。

本书以国内某 1 450mm 五机架冷连轧机组为研究对象，立足原有的控制系统平台，采用板形理论和控制理论相结合的方法，对原有的控制模型进行优化与改进，建立更切合实际的板形控制模型，旨在充分发挥轧机设备潜力的同时提高轧机板形控制能力，以获得高板形质量的带钢。在板形控制系统的优化过程中，通过分析与处理板形控制中急需解决的复杂问题，并以严密的理论计算和复杂的轧制实验为基础，建立了板形控制系统核心模型并制定了板形控制策略。

1.2　板形调节机构

板形调节的控制手段主要是修订轧辊弹性变形状态和控制轧辊凸度，板形控制的实质是对轧机有载辊缝形状的调节。为了消除板形缺陷，获得良好的板形，可以针对板形的影响因素引起的辊缝形状变化进行相应的补偿。对于大多数冷轧板形控制机型而言，板形控制的核心思想就是使在线辊缝形状与带钢形貌保持一致，使沿带钢宽度方向上的各个纵条具有相应的延伸。从设备上可以分为轧辊横移、轧辊倾斜、轧辊弯辊以及轧辊分段冷却；从工艺上考虑包括轧辊热凸度的设定、张力分布的调节、轧制规程的制定、辊缝初始状态的控制等。

1.2.1　轧辊横移

轧辊横移技术的开发主要是为了将有害接触弯矩进行完全意义上的消除，而有害弯矩的形成主要是因为在轧制带钢宽度之外存在辊间接触压力[6,7]。

轧辊横移如图 1.1 所示，通过一对轧辊沿着不同方向发生指定的位移，可以使辊间的接触长度发生变化，保证仅在带钢宽度范围之内存在接触，能够最大可能地避免有害弯矩的发生。轧辊横移技术对于板形的改善效果十分显著，同时还能够使轧辊的磨损变得均匀。

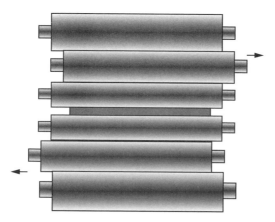

图 1.1 轧辊横移

1.2.2 轧辊倾斜

轧辊倾斜就是保持一侧辊缝不变，调整另一侧辊缝。这种手段能控制镰刀弯、单边浪等非对称板形缺陷，即绕着轧辊的中心点单侧压下。轧辊倾斜是借助轧机两侧压下机构差动地进行轧辊位置控制，使两侧压下位置不同，从而使辊缝一侧的轧制压力增大，另一侧的轧制压力降低，形成一个楔形辊缝。轧辊倾斜对带钢单侧浪形具有很强的纠正能力，尤其适用于来料为楔形的带钢，是板形自动控制系统中必不可少的调节机构[8,9]。

轧辊倾斜如图 1.2 所示。在轧制过程中，使用轧辊倾斜技术将用到自保

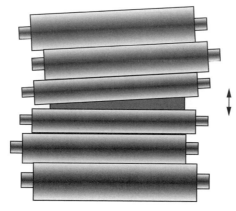

图 1.2 轧辊倾斜

护措施限制调节增量和调节总量。在投产试车阶段，轧辊倾斜调节增量和总调节量输入到计算机内，并给予校准，倾斜压下速度的最小可调节量是用一个瞬时手动干预来确定的。

1.2.3　轧辊弯辊

为了控制有载辊缝形状，最直接的想法是改变轧辊在垂直方向上的间隙，其技术原理为：利用液压装置对轧辊辊径施加液压弯辊力，瞬时地改变轧辊的有载辊缝形状，从而改变轧辊的有效凸度和轧后带钢的延伸横向分布[10,11]。

轧辊弯辊如图 1.3 所示。按照弯辊力作用部位，弯辊通常可以分为工作辊弯辊、中间辊弯辊和支撑辊弯辊；按照弯辊力的作用面，弯辊可以分为垂直面弯辊和水平面弯辊；根据弯辊力作用方向，弯辊可以分为正弯辊和负弯辊。液压弯辊具有结构简单、响应速度快、板形控制效果明显以及易与其他调节机构相结合等优点。液压弯辊可使辊缝在一定范围内迅速变化，且能连续调整，有利于实现板形控制自动化。

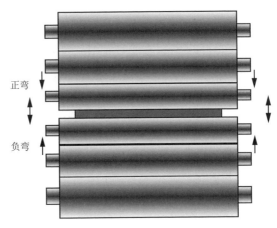

图 1.3　轧辊弯辊

1.2.4　轧辊分段冷却

工作辊分段冷却过程中，一般会发出向指定的测量段喷洒光滑液和冷却剂的指令，进而对该测量段上的轧辊热膨胀进行控制，最终达到调节不同的测量段上轧辊凸度的效果，每个冷却区的控制都可以单独进行。在指定的冷却测量段上的冷却设定值需要通过数学模型计算，主要考虑的因素为轧辊分段冷却量。同时，该冷却量应与测量段上的带钢张力一一对应[12,13]。在实际带钢的生产中，必须让所有冷却区域的基本冷却量不为零，该基本冷却量为最大冷却量的1/3。

轧辊分段冷却如图1.4所示。下级控制装置首先接收每个测量段上的冷却输出，其中冷却输出为基本冷却量与冷却量设定值共同作用的结果，最后控制阀被控制装置关闭或打开指定的时间。在板带轧制过程中，轧件变形及轧件与轧辊摩擦产生的热量会使轧辊发生不均匀热膨胀。轧辊的分段冷却技术就是对轧辊分段喷射冷却液，使每段轧辊上的热凸度按照要求发生变化，以控制板带钢相应段纵向上的延长率。

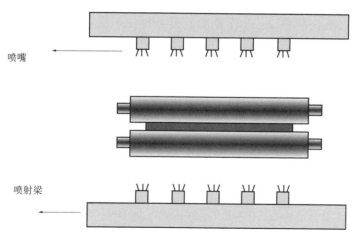

喷嘴

喷射梁

图1.4 轧辊分段冷却

切条测量法如图1.5所示。在轧件上横切一个1m左右长度的试件，然后在试件表面划上标志线，以区别A边与B边，板1和板2，以及将被剖成窄条的次序，再按照1~9和8~10的次序，纵剪成条。此时窄条内的应力基本释放完了，并得以自由地伸长与缩短，然后将其按序号排列整齐，分别测量出其长度，并计算出其平均值。

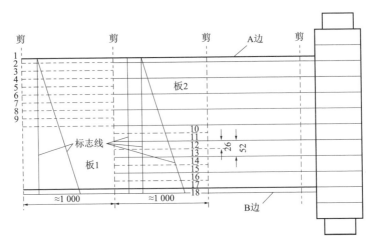

图 1.5 切条测量法

内应力法，轧件剖分后，小窄条的长度差正比于剖分前不同宽度位置上的内应力差[14,15]。采用内应力法时板形表达式为

$$I = \Delta L/L = \Delta \sigma_i/E \qquad (1.1)$$

式中，ΔL——带钢长度方向上纵条长度与基准长度的差值；

$\quad\quad\quad L$——带钢基准长度，各纵条长度的平均值；

$\quad\quad\quad \Delta \sigma_i$——轧件宽度方向的内应力差；

$\quad\quad\quad E$——弹性模量；

$\quad\quad\quad I$——板形值。

因为铁磁材料的磁性对材料内部的应力比较敏感，所以通过利用磁性 – 弹性效应制作的探头来制作板形仪。

外应力法，由于轧件内部因延伸不均而产生纵向内应力，所以张力在轧件的宽度方向上产生差异，它与轧件的延长成正比[16~18]，即

$$I = \Delta L/L = \Delta T/E \qquad (1.2)$$

式中，ΔL——带钢长度方向上纵条长度与基准长度的差值；

$\quad\quad\quad L$——带钢基准长度，各纵条长度的平均值；

$\quad\quad\quad \Delta T$——轧件宽度方向的外应力差；

$\quad\quad\quad E$——弹性模量；

$\quad\quad\quad I$——板形值。

该方法将测轧件长度转换为测轧件宽度上的张力差。

1.3 板形测量机构

1.3.1 ASEA 板形辊

ASEA 板形辊是一种测量张力沿着板宽分布的工具，安置在轧机与卷取机之间，并代替导向辊使用，其测力传感器装在辊内。这是瑞典 ASER Industrial Systems 与一些单位共同开发的。早在 20 世纪 60 年代初期，Alcan 公司 Kinstom 工厂的铝轧机，British 钢铁公司 Llanwern 工厂的四机架 1 730mm 冷轧机上都配置了这种板形辊，当年虽然还没有闭环自控，但也起到了良好的测量和指示作用。ASEA 板形辊已经成为应用最广泛的板形测量工具之一。

ASEA 板形辊有一个实心的芯轴，芯轴的圆周上有 4 个槽，槽内放置测压头，每一个钢环为一个测量区段，各自与 4 个测压头相接触，用来感应该区段的径向压力。整个组装好的辊子，磨平外圆，喷镀硬质合金，使其有较高的耐磨性能，辊子直径与其所受的载荷有关。工作时板形辊由轧件拖动，做同步旋转，本身不需要动力，但仍在其一端装有驱动电机，其目的是帮助板形辊克服在轧机启动和制动时的惯性，以免轧件将辊面擦伤。板形辊芯轴槽内有测压头，它是一种压磁压头，主绕组输入 150 ~ 2 000Hz 的交变电流，次级组输出的是调幅信号，在板形辊的另一端，有一个 46 通道的滑环将信号引出[19~21]。

这种板形辊的测力范围较宽。虽然轧件对辊子的径向压力随卷材直径增大而变化，但板形只涉及板宽方向上的应力差值，故径向压力逐渐变化不影响测得的板形结果。板形辊可以设置在卷取机和轧件之间，代替导向辊使用。此外，这种板形辊是整体结构，极为牢固，故在轧件头尾通过时不必移开。辊子上的所有零件都具有相同的速度。钢环之间无磨损，辊面磨损也小，辊子需维护保养的只是信号引出用的滑环。测得的信号经计算机处理后，一方面送给执行机构，进行轧件板形调节；另一方面送给显示和记录装置。计算机调控中需作若干补偿，包括轧件边部区段的补偿、轧件位置的修正、板宽方向温度不均的补偿、板凸度补偿和板形辊挠度补偿[22~25]。

1.3.2 CLECIM 板形辊

法国 CLECIM 公司开发的一种板形辊，使用装在辊子内部的传感器，测量外张力沿板宽的差异。CLECIM 板形辊由芯轴、轴套、传感器和滑环组成。芯轴上有径向的空洞内装位置传感器，每个测量区段设置两个，其中一个备用，两个测量区段的轴向间隔为 60mm，轴套为一钢管，组装在芯轴上，并与位置传感器相接触，受载荷时发生变形，使位置传感器发出信号，信号经滑环输出。板形辊内部使用的位移传感器是模拟感应型的装置，一个主线圈在中间，另外两个次级线圈对称地放置在主线圈的两边，它们的线圈绕制方向相反。一个可动的磁芯装在线圈内；另一个高频电进入主线圈，在两个次级线圈中产生感应电压。若磁芯处于中央时，因两个次级线圈组的方向相反，故两个感应电压相互抵消，而线路没有输出；若磁芯移向某一边，则一个次级线圈的感应电压升高，另一个次级线圈的感应电压降低，于是就有了输出电压[26~28]。

1.3.3 激光板形仪

激光板形仪是法国钢铁研究院与 Solmer 公司共同开发的，它通过测量板宽某几个部位上的纵向长度值来推算板形。激光板形仪是根据光的入射角等于反射角原理，向轧件发射光信号，在反射方向设置接收器。若轧件的高低不平，使接收到的反射光点发生位移，位移量与高低不平的程度成正比，测出位移量即可计算轧件该部位的实际长度，综合板宽不同部位的实际长度，即可算出轧件的板形。

板形仪由三组光发射器和接收器组成。光源前端为一桶状透镜，使光源产生一个光斑，投射到轧件上，光接收器由摄像镜头和 1 024 个相互间隔 50μm 的光电二极管组成，把反射光斑的位置转变为电信号输出。这些光学装置放在小盒内为正压，整个装置放在出口辊道上方 4m 高的架子上，小盒放在辊道上，可以移动，以便与轧件的宽度相适应[29~31]。

1.3.4 压电式板形辊

压电石英传感器板形辊由德国钢铁研究所研制。它主要由实心辊体、压电石英传感器、电荷放大器、传感器信号集线管以及信号传输单元组成。其中压电石英传感器安放在板形辊的辊体微小空洞内，同时与之配套的螺栓能够使其不脱落，并且对其产生预应力，最终使其在线性范围内发生变化。板形辊上的每个传感器对应一个测量段，测量段的宽度有 26mm 和 52mm 两种规格。中间部分的传感器分布状态比较稀疏，而在两侧部分的传感器分布状态则相对密集，主要是考虑到边部带钢板形变化幅度较大，需要更精密的测量，而中间部分测量段的变化幅度相对较小。

一些离子型晶体的电介质（如石英、酒石酸钾钠、钛酸钡等）在机械力的作用下，会产生极化现象，即在这些电介质的一定方向上施加机械力使其变形。因此，在正负电荷中心因为受外力的影响而产生相对位置变化的过程中，电的极化现象随之发生。此时，束缚电荷出现在相对表面上，同时随着施加机械力的变化，该电位移的大小与之成正相关的变化关系。当施加的机械力为零时，束缚电荷会随之消失，而且当施加的机械力方向相反时，束缚电荷的方向也发生改变。这种现象称为正压电效应，或简称为压电效应[32~34]。

所有这些孔中的传感器信号线通过实心辊的中心孔道与板形辊一端的放大器相连。传感器一般情况下采用一种圆形的金属包裹在其外部，辊体和包裹金属装置之间存在 15~25mm 的缝隙，通过 VLton 环对辊体和包裹金属装置之间的缝隙进行密封处理。在这种情况下，径向力实际上是直接作用在传感器上，这是因为辊体与传感器之间存在间隙。为了节省信号传输通道，这些压电石英传感器沿辊身的分布并不是直线排列的，而是互相错开一定的角度，这样板形辊旋转过程中不在同一个角度上的若干个传感器就可以共用一个通道传递测量信号。在传感器中发送的信号实际上是交错地依次排开，因为传感器的排列方式并不是在一条直线上。假设沿着辊体的圆周方向一共离散为 7 个测量段，在单独测量段的传感器数目规定最大值为 11，要想获得一整个测量段全部传感器的测量值，则只需要为该测量段设置 11 的信号通信渠道。

1.3.5 压磁式板形辊

压磁传感器板形辊的生产厂家以瑞典 ABB 公司为典型代表，经过多年的实验和改进推广，其产品已经成熟地应用于工业生产中。国内某些科研机构也初步开发出了压磁式板形辊，并应用到国内一些冷轧生产线上。ABB 公司生产的压磁式板形辊由实心的钢质芯轴和经硬化处理的热压配合钢环组成，芯轴沿其圆周方向 90°的位置刻有 4 个凹槽，凹槽内安装有压力测量传感器。

位于板形辊圆周对称凹槽内的两个测量元件组成一对，当其中一个位于上部时，另一个恰好位于下部，这样就可以补偿钢环、辊体以及外部磁场的干扰。在带钢边部区域，由于带钢板形变化梯度较大，为了有利于精确测量，测量段宽度为 26mm；而中部区域带钢板形波动不大，测量段宽度一般为 52mm。板形辊的辊径一般为 313mm，具体辊身长度根据覆盖最大带钢宽度所需的测量段数及测量段宽度而定。

每个分段的钢环标准宽度为 26mm 或 52mm，称为一个测量段。测量段的宽度对测量的精确性有较大影响，一般测量段越窄，测量精度就越高。板形辊的测量传感器为磁弹性压力传感器，可测量最小为 3N 的径向压力。钢环质硬耐磨，具有足够的弹性以传递带钢所施加的径向作用力。为保证各测量段的测量互不影响，各环间留有很小的间隙。

1.4　板形的数学表示

所谓板形，直观地说是指板材的翘曲程度，其实质是指轧后带钢沿宽度方向上（纵向）内部残余应力的分布[1]。在带钢实际的轧制过程中，宽展较小，不会对带钢生产造成影响，如果只是定性地规定实际带钢的板形状况，那么将无法对带钢板形采用自动控制和深入分析研究板形优化控制。本质上，在脱张力的状态下带钢的平直度和轧件横截面的具体形貌均属于带钢板形的范畴。在这两个角度同时对板形的具体物理量进行定量化处理。

在带钢的实际生产过程中，宽展较小，不会对带钢生产造成影响，故轧件平直度的改变与轧件轮廓改变有着密切的关系。有关实验也表明，在轧机入口、出口板廓形状保持一致的情况下，如果入口带钢无平直度缺陷，出口带钢也可以得到良好的平直度。

实际的带钢板廓形状千差万别，但在工程实践中可以用凸度、楔形、边部减薄及局部高点 4 个指标对板廓的基本形状进行概括。一般情况下，除带钢边部以外，带钢的板廓形状在大部分区域内具有二次曲线的特征，而在边部一段区域，带钢厚度急剧减小。轧机在带钢的生产过程中往往产生挠曲变形的现象，通常对轧件的二次曲线形状造成一定的影响，常规的做法是采用凸度对与产生挠曲变形对应的部位进行定量表示。

在轧件的边部区域，经常存在轧件厚度急速变薄的状况，带钢横向约束减弱和工作辊压扁增强均对这种状况有促进作用。通过边部减薄对这种轧件厚度急速变薄的状况进行定量表示。如果轧制过程中轧机的两侧压下不均匀，轧后带钢还会表现出整体形状的楔形。

凸度、楔形、边部减薄及局部高点的定义如图 1.6 所示。

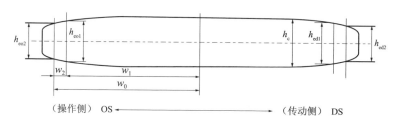

（操作侧）　OS ←——————————————————→ （传动侧）　DS

图 1.6　带钢板廓示意图

凸度定义为在宽度中点处厚度与两侧边部标志点平均厚度之差，即

$$CR = h_c - \frac{h_{ed1} + h_{eo1}}{2} \tag{1.3}$$

式中，CR——带钢凸度；

　　　h_{ed1}——传动侧的标志点厚度；

　　　h_{eo1}——操作侧的标志点厚度；

　　　h_c——带钢宽度方向中心点的厚度。

边部减薄是指带钢与轧辊接触处的轧辊压扁，在板边由于过渡区而造成的带钢边部减薄，即

$$E = \frac{h_{eo1} + h_{ed1}}{2} - \frac{h_{eo2} + h_{ed2}}{2} \tag{1.4}$$

式中，E——边部减薄量；

      h_{ed1}——传动侧的标志点厚度；

      h_{eo1}——操作侧的标志点厚度；

      h_{ed2}——传动侧边部减薄区外侧厚度；

      h_{eo2}——操作侧边部减薄区外侧厚度。

带钢各纵条的相对延伸差如图 1.7 所示。在轧制过程完成后，沿着纵向将轧件切割成一系列条状物，在横向上各个条状物的延展程度是不相同的，所以通过沿着纵向的条状物的延展程度来进行板形定量表示，即

$$\lambda = \frac{\Delta L}{L} \qquad (1.5)$$

式中，λ——带钢长度方向上纵条的延展率；

      ΔL——带钢长度方向上纵条长度与基准长度之间的差值；

      L——带钢基准长度，一般取各纵条长度的平均值。

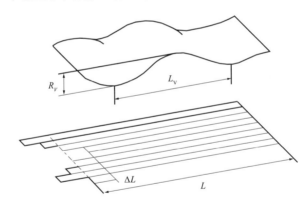

图 1.7　带钢各纵条的相对延伸差

如果是单纯地计算沿着纵向的条状物的延展率，则会出现计算结果很小的情况，为了将其调整到一个适合分析的范围，在带钢轧制过程中，一般运用 I 作为板形单位。

I 单位与延展率的关系为

$$1\mathrm{I} = \lambda \times 10^5 = \frac{\Delta L}{L} \times 10^5 \qquad (1.6)$$

由于离线在检查台上测量带钢的相对长度来求出延展率很不方便，所以人们采用了更为直观的方法，即以翘曲度来表示板形，即

$$\delta = \frac{R_{\mathrm{V}}}{L_{\mathrm{V}}} \times 100\% \tag{1.7}$$

式中，δ——带钢翘曲度；

$\quad L_{\mathrm{V}}$——带钢翘曲部分的波长；

$\quad R_{\mathrm{V}}$——带钢翘曲部分的波幅。

长在曲线中与波长 L_{V} 对应的长度为 S_{V}，一般设定曲线的改变方式按照正弦波动进行，那么波的长度与曲线的长度之间的相对差可以经过积分获得，最终得到延展程度与翘曲量的关系，即

$$\delta = \frac{\Delta L}{L} = \frac{S_{\mathrm{V}} - L_{\mathrm{V}}}{L_{\mathrm{V}}} = \left(\frac{\pi R_{\mathrm{V}}}{2L_{\mathrm{V}}} \right)^2 = \frac{\pi^2}{4} \lambda^2 \tag{1.8}$$

实际上，轧件的延展大小存在其他形式的定量表达，即带钢的波形。在带钢轧制过程完成时，如果能通过检测获得带钢的波形，那么可以根据相应的公式转换为带钢的延展量。

边部点和内部点的有效作用区域如图 1.8 所示，在带钢边部经常出现不利于良好板形的情况，即边部减薄。

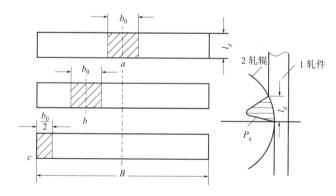

图 1.8　边部点和内部点的有效作用区域

（1）轧件压力引起轧辊压扁变形的分布特征。根据半无限体模型，垂直作用于半无限大平面上的集中力或分布力引起该平面上某点的垂直位移与该点距离的作用点或作用区的距离成反比，随着这个距离的增大，垂直位移迅速减小。轧件和轧辊的接触区长（轧件宽）为 B，宽（接触弧长）为 l_{d}，不考虑离区域中心的距离过大的作用力，在轧件与轧辊的接触区域内，将全部无效的作用区排除在外。假设点 a，则能够划分出以该点为对称

中心的微小片段 $b_0 \times l_d$，在该微小片段的作用载荷对点接触压扁产生作用，不考虑与微小片段距离较大的载荷的作用。同样，点 b 能够划分出有效的微小片段 $b_0 \times l_d$。然而，c 点的有效微小片段只是 $b_0/2 \times l_d$，因而它的压扁变形比内部各点 a、b 等要小得多，所以在接触区内部各点压扁变形相差不大。但是在轧件边部，压扁量明显减小，相应地轧件要发生明显减薄。

（2）内部金属的流动规律与边部金属的流动规律并不是一样的，内部金属流动所承受的阻力远远高于边部金属流动所承受的阻力。在最外侧的极限状态下，金属承受的阻力几乎不存在。因此，金属的横向流动与金属的纵向流动同时发生在各自相对集中的位置，故轧件承受的压力和轧辊的压扁量均有一定程度的减轻，最终在边部的金属出现减薄的状况。

1.5 板形控制方法的发展

20 世纪 40 年代，在带钢的生产过程中，磨削轧辊原始凸度是作为主流的板形控制手段的。由于原始凸度磨削完成后是一固定不变的值，很难适应千变万化的轧制生产情况[35]。因此在此基础上，又采用人工控制压下制度和合理编制生产计划来弥补其不足。可是，结果一定是以烦琐划分生产计划和牺牲轧机生产能力为代价的。

20 世纪 50 年代，随着在常规轧机上配置了液压弯辊功能，轧件的板形控制进入全新的局面[36]。要想顺利达到带钢轧制过程中板形自动控制的要求，液压弯辊装置的应用是必不可少的，这是因为其使沿着带钢宽度方向的出口厚度修正成为可能。

20 世纪 60 年代，瑞典 ABB 公司率先在板形控制系统的研究上取得进展，分别在板形测量方面和板形自动控制方面将理论模型应用到带钢的实际生产中。在充分利用液压弯辊作用的前提下，开发了带钢轧制过程中板形的自动控制功能，使板形控制系统的发展进入崭新的局面[37]。该板形辊是通过将测量辊分成若干个测量区段，并在每区段内安装测量传感器来实现的。轧机承受的径向力沿着其宽度方向的大小是可测量的，通过计算转换可以得到张应力的大小，根据计算结果对板形起浪和种类进行定量分析。瑞典 ABB 公司开发的板形辊从诞生之日起一直到 21 世纪的今天在各个生产现场都有着普遍的应用。由于几乎没有出现板形辊测量系统失衡的状况，其高水准的控制效果已经得到各个带钢生产企业的普遍好评，现已占据带钢测量领域的主流位置，并成为目前冷轧板形检测的主流装置。

1973 年左右，热轧带钢板形控制逐渐取得了一定的进展。然而，鉴于热轧板形检测的实际环境比较苛刻，一直无法真正做到热轧过程中的板形控制。尽管没有任何国家忽略板形控制的发展，但是取得的效果依然不明显。日本的研究开始在最优弯辊力模型领域寻找突破口，并应用到控制器的运行中，最终开启了板形控制模型的新篇章，这是板形控制模型的雏形[38]。

在中厚板的轧制过程中，起初并没有重视液压弯辊凸度技术，主要是因为其应用的预期效果并不理想，其根本原因是任何弯辊设备都无法摆脱最大弯辊力的限制，最终出现弯辊力不能保证足够大的状况。通过在这些方面的深入研究，产生了一系列计算方法[39]。

在研究的开始阶段，静态负荷分配方法占据着主流的压下计算模型，通过大数据智能分析获得负荷分配指数，在控制器中接收这些数据并且开辟相应的存储单元，进而在实际带钢生产中调用这些数据。操作人员可以根据现场观察的结果，选择并调用相应的数据，调节各个机架的负荷分配指数[40]。然而，实际生产中往往频繁更换轧制状态，此时该方法并不适用。欧洲的轧制研究院采用了动态分配负荷系数的方法，即在考虑实际生产的轧机状态条件下，满足出口的各项板形指标的要求，同时对设定值和各个机架的负荷分配进行优化，最终发现其应用效果优于静态方法。

1.6　板形理论的发展

金属塑性变形模型为辊系变形模型提供轧制压力分布，并为板形判别模型提供前后张力的横向分布；轧机出口带钢的厚度沿宽度分布的精确计算一般无法超越金属热变形模型和金属塑性变形模型的范畴；板形判别模型根据金属塑性模型给出的前张力横向分布是否对应板形良好，同时计算板形误差，决定是否进行反馈控制。

轧件变形理论研究是板形理论研究的难点和瓶颈。真实的带钢生产中金属的变形模型繁杂程度远远超越人们的最初预想。弹塑性变形在应力 – 应变关系上表现出高度非线性的特点，因而在基础实验研究上存在很大的困难。

1.6.1 变分法

变分法在金属三维变形的领域中有着无法替代的作用。首先考虑到实际生产中多种金属流动方式，建立相应的位移函数，使边界条件成立；其次根据最小能量原理，确定位移函数中的待定参数；最后进行三维应力与变形的计算和分析[41~43]。

用变分法求解带钢平辊轧制的三维定常问题，大致可分为三个阶段：第一阶段的代表为苏联的塔尔诺夫斯基，他利用不等式做了数学上的简化处理来求解能量泛函的极值；第二阶段的代表是小林史郎，他采用了平断面假设，在涉及求解非线性联立方程组的问题上一般采用 Newton-Raphson 法求解；第三阶段的代表是加藤和典，他在建立运动许可速度场时考虑（不考虑）断面鼓形和横断面弯曲。按能量泛函最小化来确定待定参数时，首先假设带钢表面形状；然后采用沿坐标方向搜索法或沿共轭方向搜索法确定这些参数；最后给出数值解[44]。

1.6.2 解析法

解析法的主要步骤：将变形区分解为微小片段，对每个微小片段列出力平衡微分方程。卡尔曼（Karman）方程和奥罗万（Orowan）方程等著名的微分方程都是用这种方法得出的。在金属三维变形的领域，尽管解析法引起各国足够的重视，但是取得的进展却差强人意。从 20 世纪 60 年代起，柳本左门在二维卡尔曼方程基础上又增加了一个横向平衡微分方程，并采用了包含三个主应力的塑性条件，解析求解了热轧中三维变形条件下的卡尔曼微分方程。20 世纪 70 年代，户泽康寿等提出了三维解析法的全理论式解并进行修正，进行了带钢的三维变形解析。在应力边界的精度程度上作出一系列改进，摩擦力的计算过程采用预位移的方法，保证微分方程在横向的精度进一步提高，制定了解析计算策略[45]。轧制过程的参数计算模型往往进行近似处理，如力矩、宽展、轧制力等。虽然在三维变形的解析方面一直倾注了研究人员大量的心血，但是始终无法彻底消除人为的简化条件，而且没有真正建立边界条件的精确化模型，最终应用效果没有取得明显改善。

斯通（M. D. Stone）首次将弹性基础梁理论引入轧辊的弹性变形分析中，他以文克尔弹性基础梁理论为基础，将支撑辊和被轧带材看作弹性基础，工作辊为处于两弹性基础中的梁，通过求解四阶微分方程得到了工作辊的轴线位移[46]。斯通模型可以求解出在弯辊作用下工作辊的挠度大小，但是不能给出带材轧后断面形状与各影响因素的关系以及如何通过液压弯辊作用给出合理的板形。盐崎宏行从两个角度对斯通模型做了进一步改进：一是同时建立工作辊和支撑辊挠曲方程，以辊间压力为桥梁将两个方程进行结合；二是对不同部分的受力状态进行分析，分别建立相应的微分方程。盐崎模型可以给出弯辊力和轧辊凸度值的关系、轧辊凸度曲线的形状和弯辊力引起的压下量变化。但是它仍然不能给出在轧制力和弯辊力共同作用下，轧辊弹性变形和板带轧后断面的分布。王国栋教授将工作辊和支撑辊之间的弹性压扁假定为弹性基础梁，工作辊的弹性变形由工作辊和支撑辊之间的弹性压扁引起的工作辊弯曲、工作辊和支撑辊作为整体简支梁所发生的弯曲以及轧制力引起的工作辊弹性压扁三部分组成，推导出了辊缝形状函数和板形方程，并给出了最佳弯辊力的直接算法，为板形的定量研究和板形控制提供了重要的理论基础[47]。

1.6.3　有限元法

金属塑性加工属于大应变的弹塑性问题，涉及几何非线性和物理非线性，理论求解难度很大，一般难以求得精确解[48,49]。近年来，随着有限变形理论和塑性理论的发展以及高速大容量计算机的普及和计算技术的进步，用有限元法分析金属塑性加工问题得到广泛重视，解题精度不断提高。用有限元法模拟轧制过程，也取得了一批重要成果。在轧制问题中应用比较广泛的是刚塑性有限元法和弹塑性有限元法。刚塑性有限元法是 1973 年由李（C. H. Lee）和小林史郎提出的[50]。

弹塑性有限元法是在 20 世纪 60 年代马克尔和山田嘉昭利用米塞斯塑性条件和普朗特 - 鲁斯弹塑性应力 - 应变关系式，求解弹塑性问题的数值解并推导出弹塑性刚度矩阵的基础上发展起来的，此方法应用于冷轧时可进行更精确的计算[44]。在冷轧中，带钢的变形抗力很大，而且是热轧的后续加工，带钢的厚度很薄，使带钢变形中的弹性变形不能被忽略。刘才等用三维弹塑性有限元法对冷轧过程、薄板带张力轧制的金属流动规律和变形规律进行了模拟[51~53]。有限元法虽可详尽地描述整个辊系的应力和变形，但其计算量过大，且因辊间接触宽度极小而使其压力和压扁计算困难[54,55]。

1.6.4 影响函数法

1968 年，绍特（K. N. Shohet）首次应用影响函数分析了轧辊的弹性变形，推导出了工作辊和支撑辊弹性弯曲的影响函数，并给出了计算轧辊弹性变形的影响函数方法[56]。这是板形理论研究方面的重要成果，大大推动了板形理论研究的向前发展。人为认定辊间压扁与辊间压力之间呈线性关系，而且张力为零时，轧制力与压下量也不存在非线性关系，最终成为绍特模型进一步完善的瓶颈。上田雅信在此基础上，将绍特模型中人为设定的部分用更精确的公式代替，其中辊间压扁使用费普尔公式计算，轧制力使用斯通公式计算。艾德瓦尔兹运用矩阵化和向量化的表达方式来处理工作辊与支撑辊之间的关系，从辊面中心线上寻找浮点坐标原点，以此为基础对工作辊与支撑辊的协调关系进行处理，从而有效地降低了公式的繁杂程度，编程思路更清晰[57]，但是在计算轧辊压扁时直接采用了无限长圆柱体平面变形公式，因此难以获得精确的计算结果。户泽康寿对工作辊和支撑辊进行了一体化的研究，同时分析了一体化的弹性变形规律和轧辊压扁规律，将轧辊作为半无限体近似处理。

王国栋教授利用中岛修正理论对户泽公式进行了修正，并使用相同的计算方法导出了辊间压扁影响函数，给出了计算轧辊弹性变形完整的矩阵计算方法，对影响函数法的完善作出了重大贡献[58,59]。Fleck 等将影响函数法应用到冷轧箔材的研究中[60,61]。魏立群等使用影响函数法研究了四辊轧机轧制板带材时宽度对板凸度的影响规律，并研究了 1 420mm HC 轧机最佳的中间辊横移位置[62~66]。白金兰等使用影响函数法计算了 HC 轧机的轧制压力分布和辊间压力分布[67~69]。D. D. Wang 等采用影响函数法，研究了通过优化工作辊初始辊形和弯辊力来改善穿带过程带钢的板形[70,71]。Y. L. Liu 在平整轧制中引入了影响函数模型，制定了基于影响函数的控制策略，取得了良好的应用效果[72]。常安等利用影响函数法分析了各种因素对带钢边部减薄的影响规律[73,74]。在影响函数法中将三维变化近似转化为二维变化，这能缓解过大工作量的压力，并使计算精度在满足要求的范围内，因此在实际生产中的应用效果比较令人满意。

1.7 板形控制模型的发展

板形控制计算机是整个板形控制系统的核心，负责对系统的运行状态进行协调和控制。板形闭环反馈式控制系统比较复杂，包括大量的计算处理，对实时性要求也非常高，集成在基础自动化系统中。轧制力前馈控制一般由设定系统计算出相应的前馈系数，然后在基础自动化中执行相应的运算和控制。板形控制计算的主要功能集中体现于板形设定控制模型和实时控制模型中[75,76]。完整的板形控制系统包括三部分，即板形预设定系统、板形反馈控制系统和前馈控制系统。在这三部分中，板形预设定系统一般集成于过程自动化的数学模型中，作为一个子系统来处理。

1.7.1 板形预设定控制模型的发展

当带钢进入轧机的辊缝前，需要预先设置板形调控机构的控制量，这是板形预设定控制的主要任务。从带钢头部进入辊缝到建立稳定轧制的一段较长时间内，由于轧机未进入稳定运行状态，反馈控制系统不能投入，需要预设定值保证这一段带钢的板形，如工作辊弯辊力需要多大、中间辊弯辊力需要多大、轧辊横移量需要多大等。另外，从带钢头部进入辊缝直到建立稳定轧制的一段时间内，板形反馈控制功能尚未投入，此时也需要预设定值来保证这一段带钢的板形质量，因此预设定控制的精度关系到每一卷带钢的废弃长度，即影响到带钢的成材率。总而言之，板形预设定控制系统的作用就是在带钢准备轧制时，或者说当带钢进入轧机辊缝前，预先设置轧机板形调控机构的初始调节量。在进入反馈闭环控制前给出这一组预设定值就是预设定控制的任务。此外，当反馈控制系统投入运行时，当时的预设定值就是反馈控制的初始值[77~79]。它的正确与否将影响闭环反馈控制系统调整实际板形达到目标值的时间。

由于以基础板形理论为基础的计算模型的精度有限，理论计算结果与实际控制效果误差较大，后来又发展出了许多基于模型自学习、模糊算法、神经网络等人工智能板形预设定计算方法。常安等利用 BP 神经网络建立了单机架六辊可逆冷轧机的弯辊力预设定模型，其计算精度比常规理论计算模型要高[80]；白金兰针对首钢 6H3C 轧机，从理论上分析了轧辊的弹性变形、轧辊的热变形和轧辊的磨损变形，并结合人工智能算法建立了具有自适应和自学习功能的弯辊力预设定控制模型[81]；朱洪涛等建立了包含短期、中期和长期自学习的算法来计算补偿板凸度、平直度偏差的各种学习量[82]。

板形预设定计算主要是通过计算弯辊力大小、轧辊横移量、轧辊的热凸度和轧辊磨损等影响实际辊缝形貌的参数，使辊缝形貌与来料带钢形貌匹配。其主要计算模型包括弯辊力计算模型、轧辊横移量计算模型、轧辊的热凸度计算模型、轧辊磨损计算模型、板形目标曲线计算模型等。其中，板形目标曲线计算模型也可以放在板形闭环控制系统中进行设定。传统的预设定模型计算是以轧辊的弹性变形理论、轧件的塑性变形理论以及板形判别理论等板形理论为基础进行的。例如，彭艳基于完整的板形理论建立了 HC 轧机板形控制仿真软件，通过离线仿真给出了几种典型轧制规格的最佳中间辊横移量[75]；R. M. Guo 采用基于弹性理论的二阶段转置矩阵法建立了弯辊力预设定计算模型[78]；邸洪双从理论上分析了影响 UC 轧机最佳中间辊弯辊力的主要因素，给出了包含轧制力和带钢宽度两个参数的最佳中间辊弯辊力预设定模型和最佳工作辊弯辊力的预设定模型[79]；刘玉礼等通过对冷轧带材的三维弹塑性变形分析、轧机的辊系弹性变形计算以及系统的实验研究后，建立了 400mm HC 轧机完整的板形预设定控制模型[76]等。

从这些板形预设定研究工作可以看出，板形理论仍是预设定的基础，人工智能算法可以在此基础上提高模型精度，但大部分情况下仍需要这些理论计算提供初始参数。伴随着新的板形控制技术的出现，设定模型逐渐从轧制规程设定模型中解脱出来，能够独立成为一个控制系统。设定值计算虽然也可以进行自适应、自学习，但设定计算的效果很难实时、准确地进行反馈修正，因此对设定计算的数学模型提出了更高的要求。现代轧机的板形控制手段一般有两个或两个以上，因此设定计算必须考虑这些调控手段如何搭配以实现最佳的板形控制。设定计算的控制策略就是根据板形调控手段的数量和各自特点，确定设定计算的先后顺序或称优先权，按照选定的初值，具有高优先权的先进行计算，对辊缝凸度进行调节。当调节量达到极限值，但辊缝凸度没有达到要求且还有控制手段可调时，剩下的偏差则由其他的调控手段进行调节，以此类推，直到辊缝凸度达到要求或再没有调控手段为止。因此，不断发展和完善的板形理论基础是提高板形预设定控制水平的关键因素。

1.7.2 板形前馈控制模型的发展

轧制过程中，轧制力受到带钢的变形抗力、来料厚度、摩擦系数以及入口和出口张力分布等诸多因素的影响，某些因素的变化会引起轧制力的变化。作用在支撑辊两端的轧制力会让整个辊系产生一定的挠曲变形，进而改变辊缝形状。如果轧制力在一卷带钢轧制过程中发生波动，必将引起轧辊弹性变形的变化，进而引起辊缝形状发生变化，最终影响带钢板形。同时，由于轧辊热膨胀、轧辊磨损等无法准确预知因素的影响，为了保证轧后厚度精度，AGC 系统需要不断地调整辊缝，也会导致轧制力在很大的范围内发生变化。轧制力的变化会影响到轧辊的弹性变形，从而影响到所轧带钢的板形。

对冷轧来说，主要轧制工艺参数是轧制力。这些轧制工艺参数在轧制过程中，有的可以直接测出，有的可以通过间接测量然后计算得到。在实际生产中，轧制力并没有保持在一个很小的范围内波动，若没有外部因素限制这种大范围的轧制力波动，会对带钢板形产生不利影响。但是，由于轧制力的测量周期很短，轧制力变化造成的板形变化在板形仪测量之前就已经得到相应的补偿控制，相对于板形的闭环反馈控制而言，轧制力－弯辊力补偿控制是一种预控制，通常简称为板形前馈控制。轧制力的这种大范围的波动将阻碍带钢生产满足板形质量要求，大范围轧制力波动对带钢板形造成的影响可以通过弯辊装置来消除，进而保证最终的板形良好。在轧制过程中，轧制力、热凸度等实时变化的轧制工艺参数，对板形有很大影响。因此，可以通过对这些实时测量的轧制工艺参数建立前馈控制，主动干预板形控制，提高板形控制的精度水平和响应速度，这就是板形前馈控制的功能。

1.7.3 板形反馈控制模型的发展

板形自动控制的核心是闭环反馈控制系统，其周期性按照一定的板形控制策略给出各板形控制执行机构的设定值，以使由板形仪测得的板形实际值达到生产者要求的目标值。

日本日立公司开发的 HC 轧机的板形控制系统，利用接触测张式板形装置测量带钢的在线实时板形，使用登山搜索法（Hill Climbing Method），以评价函数值最小为目标，在允许的调节范围内搜索出最优的中间辊横移量和弯辊力调节量，从而实现最优控制[83~85]。在给出各调节量时考虑了板形调节的响应滞后和防止超调的距离因子（distance factor），这相当于一种简单的比例控制算法[86~90]。

ASEA 板形控制系统使用了 ASEA 公司和 ALCAN 公司联合开发的接触测张式板形辊，板形测量信号的处理采用了具备可编程微处理器的 ASEA DS-8 系统，将板形测量信号分为左右边部和中间位置三个部分，即 A、B 和 C，板形控制计算机对 A、B 和 C 值进行判断处理后给出压下倾斜和弯辊的控制量以及分段冷却控制的逻辑量。该系统首次提出了目标板形的控制思想[91~94]。板形控制系统是一个复杂的工业控制系统，很难建立精确的数学模型。这是因为影响板形的因素很多，无论是对内因（金属本性）还是外因（轧制条件），都无法得到一个与轧机辊缝对应的精确的数学关系[95~97]。另外，轧制过程的环境恶劣，带钢板形又受到各种各样的干扰，这给控制系统建模带来了更大的困难。BISRA 板形控制系统采用透磁式张力检测装置，板形执行机构为开卷机的张力调节装置和液压弯辊装置。该板形控制系统的控制目标是使张应力分布系数变化值为零，根据检测装置在线测量得到的张应力分布，经过一定的数学模型将其换算成弯辊力和卷取张力的调节控制量，以此来控制带钢的板形。

传统的板形控制系统一般采用模式识别的方法。首先是沿带钢宽度方向上对板形偏差使用一个多项式表达出来，其次是对该多项式使用勒让德正交多项式或切比雪夫正交多项式进行正交分解，分别分解出线性板形缺陷、二次板形缺陷和四次板形缺陷。在对板形调节机构的处理上也同样如此。首先将各个板形调节机构对板形的影响，如工作辊弯辊、中间辊弯辊、轧辊横移、轧辊倾斜等对带钢板形或者辊缝形貌的影响进行正交分解，然后用分解出的线性部分、二次部分以及四次部分与相应的线性、二次和四次板形偏差正交多项式做最小二乘计算，求解各个板形调节机构的调节量。

FFC 轧机的板形反馈控制原理采用非接触式板形检测装置检测带钢横向上各点的伸长率，确定了此时的板形缺陷情况，使用水平弯辊和垂直弯辊进行控制，其中水平弯辊是通过水平支撑辊作用于水平辅助辊而获得的，水平支撑辊分为 7 段，分别使用 7 个液压缸进行控制。当水平弯辊力发生变化时，会影响到轧机的辊缝，从而影响到带钢的厚度。因此，需要实时检测 7 个水平弯辊液压缸的位置，通过反馈的方式进行液压压下补偿。由于识别模式算法的烦琐性无法控制在足够小的范围内，此外鉴于一系列调节机构的存在，调节机构对板形的作用系数无法真正准确地获得，所以在具备多种板形调节机构的轧机上，这种控制方法并不适用。后来，随着板形控制研究的深入发展，又出现了以板形调控功效为基础的多变量最优板形控制算法。这种算法的特征是不再对带钢的板形偏差和板形调节机构对板形的影响规律做正交分解和模式识别，而是研究各个板形调节机构对各个测量段处板形的影响规律。以此为基础，再结合各个测量段处的板形偏差做整体的最优控制计算，求解各个板形调节机构的最优调节量。这种算法既简化了计算过程，又避开了模式识别过程中出现的误差，不做正交分解的特点可以使其满足具有各种板形调节机构轧机的板形控制。

CVC 冷连轧机的板形控制原理采用 ASEA 接触测张式板形辊，对板形偏差通过使用一定的数学方法回归成四次多项式，然后分别使用轧辊倾斜、CVC 辊横移和工作辊弯辊以及轧辊的乳化液分段冷却来消除对应多项式中的一次分量、二次分量、三次分量和四次分量。日本川崎制铁和三菱重工公司共同研制的多辊轧机（CR 轧机）的板形控制系统，将对应板形辊测量段上带钢的伸长率表示为 4 个基本的四次正交函数之和。由于板形控制系统的多变量、大滞后、非线性特点，板形调节机构的控制模型精度有限，尤其是分段冷却控制的对象模型很难建立，常规的 PID 控制达到预定要求的能力明显不足，进而板形控制形成了被动的局面。只是单纯地建立考虑因素更多的系统模型已经无法满足日益复杂的控制工艺，因此在转向控制策略的方向寻找突破口，一些新的控制思想及人工智能方法应运而生，如滞后的预测补偿、模糊控制、专家系统及神经网络等。智能控制参照人脑的神经网络，经过大数据分析和推导以及强自学习能力和自适应基础的控制方法，可以提高运算速度，最终获得良好的现场应用效果。

VC 辊和工作辊弯辊的板形控制特性，该系统使用 VC 辊和工作辊弯辊共同作用来控制二次和四次板形缺陷。使用轧辊倾斜和不对称弯辊来控制一次板形缺陷，其他板形缺陷则由轧辊分段冷却消除。该系统使用了 Smith 预估器来解决板形控制的时间滞后问题。在滞后控制方面，Kimura 提出的合成方法成熟地运用输出调节理论，Ikuya hoshno 则将其在板形控制领域取得了不错的应用效果[92]，在板形检测系统中的测量数据延迟补偿问题得到解决，因此轧机出口的带钢板形保持良好。Teruhiro Saito 等针对川崎制铁的六机架冷连轧机，开发了末机架的板形闭环反馈控制系统，使用了勒让德正交多项式对实测板形信号进行模式识别，板形控制手段为工作辊弯辊和乳化液分段冷却，系统投入后，大大减少了轧后带钢的板形缺陷[98~101]。

由于板形测量精度的提高，这个时期板形闭环反馈控制系统的主要特点是对板形测量信息的充分利用。采用模式识别的方法尽可能精确地识别出实测板形信号中的板形分量，利用相应的板形控制手段进行调节，对于高次板形分量和残余板形误差则采用乳化液分段冷却予以消除。Postlethwaite 等将专家系统与自适应控制理论应用于铝带的板形控制中，利用知识库中保存的大量实测数据及相关轧制参数的状态估计值，对工作辊弯辊设定值及冷却液控制量进行不断修正，获得了良好的板形质量[102~104]。

1.8　本章小结

本书的研究对象为某 1 450mm 五机架冷轧机组，重点研究了板形控制基础模型、板形控制系统协同优化分配策略、板形控制执行机构调节策略以及板形目标曲线动态调节模型。为了提高实际生产过程中带钢板形的质量，在原有板形控制系统的基础上，对其核心模型和关键控制策略进行优化，主要研究内容如下：

（1）分析板形设定曲线模型和板形测量值处理模型，确定塑性变形前提条件和板形调节系数的影响因素。通过影响函数法计算轧辊挠曲量和轧辊压扁量，并基于力平衡方程和变形协调方程建立辊间压力迭代矩阵。融合单纯形法和容许方向法，建立一种板形执行器调节量寻优算法，并在实际生产线测试其精度和稳定性。

（2）在求解最优调节量的约束条件中综合考虑工作辊弯辊方向和中间辊弯辊方向，在其调节方向相同的前提下求解弯辊力输出调节量，从而解决中间辊弯辊和工作辊弯辊的抵消问题，据此提出基于神经网络和 T - V 算法的弯辊力协同优化分配策略，并在轧制现场进行测试实验，检验不同硬度带钢的板形控制效果。

（3）构造实际板形判别因子对初始板形进行识别，并针对不同的初始板形状况制定相应的板形调节策略库。通过制定基于神经网络 - 遗传算法的板形执行机构调节策略来合理分配轧机的板形调节潜力。针对不同宽度、不同轧制力及不同压下量轧制工况进行测试，分析该调节策略的有效性和稳定性。

（4）提出一种基于 GENOCOP 混合算法的板形目标曲线系数设定方法，通过计算实际板形等效因子，求解调节机构饱和状态下消除板形偏差所需的板形系数干预量，并验证了该方法消除对称性板形缺陷的有效性，同时分析不同厚度、不同轧制速度条件下该模型的控制效果。

（5）基于以上研究成果，在某 1 450mm 五机架冷轧机生产线对板形控制系统进行优化，并将现场板形控制数据保存到数据库中，分别分析薄规格带钢、常规规格带钢及厚规格带钢优化前后的板形控制效果。

第 2 章　板形控制基础模型的研究

板形控制基础模型在带钢板形调节过程中具有十分重要的作用。其中，目标板形曲线的设定直接影响成品带钢的板形状况，通过研究标准板形曲线的补偿曲线来消除系统的误差对板形造成的不良影响；板形检测信号作为板形控制系统的反馈信息对执行器调节量计算精度影响巨大，通过分析板形测量值处理模型来提高板形检测信号的准确性；轧辊凸度对带钢板形影响十分复杂，轧辊弹性变形与轧辊弹性压扁在轧制过程中一直存在，设计一种分析模型来研究轧辊凸度对带钢板形的影响；板形执行机构调节量寻优精度与计算速度对板形的控制效果具有重要影响，建立一种高精度的执行器寻优模型，并检验其计算能力。

2.1　板形曲线设定模型

在板形控制的范畴内，一般消除剩余应力的不协调分布，保持轧制中的张应力分布呈水平状，则最终可以使带钢保持较好的板形质量。板形设定的基本功能为修正板形测量偏差、修正在线板形过渡到离线板形、高精度地控制带钢板形。设定板形目标的主要作用是满足下游工序的需求，而不是仅仅为了获得轧机出口处的在线完美板形。

在板形控制系统的消差性能恒定情况下，板形目标曲线的设定则是板形控制的重要内容。如果想要指定板形控制的目标，那么通常的做法是选择和设定板形目标曲线[105~107]。根据以上调节策略，带钢板形的控制方法本质上是尽可能地缩小板形目标曲线与实测张应力之间的偏差，从而实现两者变化趋势一致[108,109]。更大众版本的配置操作调整界面的板形目标曲线将在板形控制系统中发挥巨大的作用，带给整个控制系统更自由的操作空间。

2.1.1　标准板形目标曲线

标准板形目标曲线代表了生产者所期望的轧制结束时带钢张应力分布。确定基本板形目标曲线的形式为二次抛物线，由过程计算机计算抛物线的幅值，并传送给板形计算机[110~112]。基本板形目标曲线的形式为

$$\sigma_{base}(x_i) = \frac{A_{base}}{x_{os}^2} \cdot x_i^2 - \bar{\sigma}_{base} \tag{2.1}$$

式中，$\sigma_{base}(x_i)$——每个测量段处带钢张应力偏差的设定值；

A_{base}——过程计算机依据带钢板凸度的调整量以及带材失稳判别模型计算得到的基本板形目标曲线幅值，其符号与来料形貌有关；

x_i——以带钢中心为坐标原点的各个测量段的坐标，带符号，操作侧为负，传动侧为正；

x_{os}——操作侧带钢边部有效测量点的坐标；

$\bar{\sigma}_{base}$——平均张应力。

2.1.2　不均匀温度分布补偿曲线

带钢在轧制过程中，由于其本身的塑性变形以及与轧辊之间的摩擦会产生大量的热量，而沿带钢横向上各个位置的散热条件是不一样的，这样就导致了带钢沿横向上的温度分布不均匀，从而造成不均匀的热应力分布[113,114]。

当带钢横向两点之间存在温差时，按照线弹性膨胀简化计算，则可以得到产生的浪形为

$$\frac{\Delta l}{l} = \frac{\Delta t \cdot \alpha \cdot l}{l} = \Delta t \cdot \alpha \tag{2.2}$$

式中，Δl——带钢长度方向上的延伸差；

l——带钢长度方向上的基准长度；

α——带钢热膨胀系数。

5 个机架构成 1 450mm 冷连轧机组，随着带钢穿过前几个机架，在带钢内部发生变形程度较大，从而引起横向温差增加，这对出口板形造成无法

忽略的影响。减轻沿宽度方向的温差对出口板形的影响成为十分关键的环节，因此制定了温度补偿曲线的方法。

结合胡克定律可知温度附加应力表达式为

$$\Delta\sigma_t(x) = k \cdot t(x) \tag{2.3}$$

式中，$\Delta\sigma_t(x)$——不均匀温度附加应力；

k——比例系数；

$t(x)$——温差分布函数。

2.1.3　卷取补偿曲线

在卷取时，由于带钢凸度的存在，带钢卷廓将沿轴向产生凸形，同时带钢在绕卷时也会沿横向产生附加应力，因此必须对这部分附加应力进行补偿。

卷取附加应力可用下式表示：

$$\sigma_C(x) = E \cdot \frac{\Delta v(x)}{v_0} = E \cdot \frac{-\Delta R(x)}{R_0} \tag{2.4}$$

式中，$\sigma_C(x)$——带卷横向 x 坐标处的卷取附加应力；

$\Delta v(x)$——带卷横向 x 坐标处与带卷中心点位置的速度差；

$\Delta R(x)$——带卷横向 x 坐标处与带卷中心点位置的半径差；

v_0——带卷横向中心点位置的速度；

R_0——带卷横向中心点位置的半径；

E——带钢的弹性模量；

x——归一化带钢宽度坐标。

鉴于安装设备过程中的实际情况，往往可能出现板形辊轴线与卷取机轴线有夹角的情况，造成卷取过程中存在不均匀的卷取张力，对带钢的板形测量造成影响。板形目标曲线的线性修正可以消除卷取机安装几何误差对板形造成的影响，其中主要考虑的因素有板形辊与卷取机的旋转角度和旋转方向。其计算公式为

$$\sigma_{geo}(x_i) = -x_i \cdot \frac{A_{geo}}{2x_{os}} \tag{2.5}$$

式中，A_{geo}——线性补偿系数。

板形测量的准确程度与板形控制系统的控制效果有着密不可分的关系。

一般带钢中间的厚度比边部的要厚，因此带钢中间的卷径要大于边部的卷径。带钢卷形修正曲线为

$$\sigma_{\mathrm{cshc}}(x_i) = \frac{A_{\mathrm{cshc}} \times d \times X_i^2}{X_{os}^2} \tag{2.6}$$

式中，A_{cshc}——卷形修正系数；

$\quad\quad X_{os}$——操作侧到带钢中心的距离；

$\quad\quad X_i$——操作侧采样点到带钢中心的距离。

2.1.4　边部减薄补偿曲线

带钢厚度突然大幅减小往往出现在距离带钢边部较近的地方，即产生一定程度的边部减薄，在实际轧制中往往称为边降。对带钢边部制定边部减薄补偿策略可以发挥有效控制带钢边部减薄的作用。

分别在带钢两侧选择一系列测量段进行补偿，补偿公式为

$$\sigma_{\mathrm{os\_edge}}(x_i) = \frac{A_{\mathrm{edge}} + A_{\mathrm{man\_edge}}}{(x_{\mathrm{os}} - x_{\mathrm{os\_edge}})^2} \cdot (x_i - x_{\mathrm{os\_edge}})^2, x_{\mathrm{os}} \leqslant x_i \leqslant x_{\mathrm{os\_edge}} \tag{2.7}$$

式中，A_{edge}——在过程计算机中可以生成边部减薄补偿系数，主要考虑的因素为在轧制过程中带钢边部减薄的程度，最终由板形计算机接收；

$\quad\quad A_{\mathrm{man\_edge}}$——边部减薄系数的手动调节量，这是为了应对生产中边部减薄不断产生变化而设定的，由斜坡函数生成，并经过限幅处理；

$\quad\quad x_{\mathrm{os\_edge}}$——从操作侧第一个有效测量点起，最后一个带有边部减薄补偿的测量点坐标，它们都是整数。

2.1.5　执行器手动修正量补偿曲线

为了得到更好的板形控制效果，以及更适应实际生产的灵活性，分别制定了弯辊和轧辊倾斜手动调节附加曲线，可以根据实际生产中出现的板形问题，由操作工在画面上在线调节板形目标曲线。

弯辊手动调节附加曲线：

$$\sigma_{\text{bend}}(x_i) = \frac{A_{\text{man\_bend}}}{x_{\text{os}}^2} \cdot x_i^2 \tag{2.8}$$

式中，$A_{\text{man\_bend}}$——弯辊手动调节系数，不进行手动调节时值为 0，调节时由斜坡函数生成，并经过限幅处理。

倾斜手动调节附加曲线：

$$\sigma_{\text{tilt}}(x_i) = -\frac{A_{\text{man\_tilt}}}{2x_{\text{os}}} \cdot x_i \tag{2.9}$$

式中，$A_{\text{man\_tilt}}$——轧辊倾斜手动调节系数，不进行手动调节时值为 0，调节时由斜坡函数生成，并经过限幅处理。

2.2　板形测量值处理模型

作为闭环板形控制系统的反馈值，板形测量值的准确性直接关系到板形控制系统的控制效果。通过分析板形辊的结构及板形测量原理，结合现场实际生产条件，制定了板形测量数据的处理模型。

1. 径向力测量值处理模型

位置编码器能够记录板形辊旋转的角度。中断触发信号随着板形辊完整地旋转一整圈而产生，将每一个触发的中断信号均进行 A/D 转换，电压信号需要进行放大化处理。采用模拟量采集板完成触发中断信号的 A/D 转换，转换后的数字径向力信号在板形计算机中进行标定。

标定公式为

$$t(i) = \alpha(i) \cdot \frac{m(i)}{4\,095} \cdot F_{\text{max}} \tag{2.10}$$

式中，i——测量段序号；

　　　$t(i)$——标定后的各传感器所测径向力；

　　　$m(i)$——由电压信号进行 A/D 转换后的数字信号；

　　　$\alpha(i)$——各传感器的转换系数；

　　　F_{max}——传感器在线性工作区间内所测径向力的最大值。

2. 包角处理模型

由于现场设备配置及安装条件限制，板形辊与卷取机之间并没有导向辊。这样就造成带钢与板形辊之间的包角随卷取机上卷径的改变而变化。

上卷取工作方式下实时包角和下卷取工作方式下实时包角为

$$\begin{cases} \theta = k - \arcsin\left(\dfrac{\dfrac{v}{\omega} - r}{\sqrt{a^2 + b^2}}\right) \\[4mm] \theta = k + \arcsin\left(\dfrac{\dfrac{v}{\omega} + r}{\sqrt{a^2 + b^2}}\right) \end{cases} \tag{2.11}$$

式中，θ——板形辊与卷取机之间的包角；

　　　a——板形辊中心到卷取机中心之间的水平距离；

　　　b——板形辊中心到卷取机中心之间的垂直距离；

　　　v——当前带钢速度；

　　　ω——卷取机角速度。

3. 边部测量段覆盖率模型

因为在板形辊中间较宽测量段上不可能出现带钢边部的测量段，因此只需分析在两侧较窄测量段上出现带钢边部测量段的情况。通过总长度中没有被包裹的区域的长度和每个测量段的宽度能够计算出总的测量段中没有被覆盖的测量段的个数。

因此可以获得覆盖率为

$$\alpha_{c\_os} = 1 - (n_{uc\_os} - [n_{uc\_os}]) \tag{2.12}$$

式中，α_{c_os}——操作侧带钢边部覆盖的测量段的覆盖率；

　　　$[n_{uc\_os}]$——对 n_{uc_os} 取整后的整数。

4. 测量段覆盖面积因子模型

在传感器上带钢的包裹面积对传感器所测量的径向力有一定影响，边部测量段上传感器所测径向力需要进行补偿处理，首先需要计算带钢占边部测量段包裹面积因子，从而获得在边部有效测量段上传感器的包裹面积因子。

面积因子公式为

$$\gamma = \frac{\Delta s}{s} = 1 - \frac{1}{\pi} \cdot \arccos(2\varepsilon - 1) + \frac{4\varepsilon - 2}{\pi}\sqrt{\varepsilon - \varepsilon^2} \tag{2.13}$$

式中，γ——边部有效测量段上传感器的覆盖面积因子；

　　　　s——传感器面积。

2.3　塑性变形模型

实际轧制过程中，金属变形是三维塑性流动的，特别是在边部，尤其是越靠近边部，金属的横向流动越明显。

1. 塑性变形模型的前提条件

塑性变形模型的前提条件如下：

（1）材料在辊缝内为完全刚塑性材料，辊缝外才考虑其弹性变形。

（2）轧辊与材料的接触表面为滑动摩擦，且摩擦系数在变形区内为定值，摩擦应力大于材料剪切变形抗力时则为黏着摩擦状态。

（3）应力与变形沿板厚方向均匀分布。

（4）出口板厚分布等同于承载辊缝形状，根据 Hitchcock 公式计算轧辊压扁半径。

（5）沿材料宽向中性点位置不变。

2. 塑性变形模型的算法

根据塑性流动关系式列维 - 米赛斯本构方程式、塑性屈服条件冯·米赛斯屈服准则式和体积不变条件，在差分计算中，带钢最边部一系列单元的横向应力值 σ_z 是已知的。在进行迭代开始时，认为边部的细小片段存在横向变形 u，对整个变形片段开始的差分计算是以边部的细小片段为基准点的。

2.4　板形调节系数模型

每种板形调控机构对板形的控制效果是不同的，也即对有载辊缝内压力分布的调控效果不同。板形调节系数，本质上是来自板形调节机构的单位调节量对辊缝凸度偏差的控制效率，辊缝凸度偏差是通过沿轧制宽度方向的板形辊实测的板形应力分布与板形控制系统的板形目标应力分布做差计算得到的[115~117]。

板形调控功效是在一种板形控制技术的单位调节量作用下，轧机承载辊缝形状沿带钢宽度上各处的变化量：

$$\text{Eff}_{ij} = \Delta Y_i \cdot (1. / \Delta U_j) \tag{2.14}$$

式中，Eff_{ij}——板形调控功效系数，它是一个大小为 $m \times n$ 矩阵中的一个元素，m 和 n 分别为板宽方向上测量点的数目和板形调节机构数目；

　　　　i——板宽方向上的测量点序号；

　　　　ΔY_i——第 j 个板形调节机构调节量为 ΔU_j 时，第 i 个测量段带钢板形变化量；

　　　　j——板形调节机构序号；

　　　　ΔU_j——第 j 个板形调节机构调节量。

2.4.1　板形调节系数的影响因素

板形调控功效是在一定的板宽、辊径、辊长和轧制力下计算所得，由于辊径和辊长对调控功效影响相对比较稳定，因此对板形调控功效有较大影响的因素就只有板宽和轧制力了。

以力为调节量的弯辊板形控制技术，其调控功效系数受轧制力的影响。随着板宽的加大，弯辊板形控制技术的调控能力呈增大的趋势，而且调控特性也受板宽的影响。板宽对倾斜调控功效产生影响，压下倾斜调控功效与板宽成正比例关系。工作辊弯辊调控功效和压下倾斜调控功效对轧制变形区的影响、轧制工艺的变化与调控功效系数的变化是相互联系的。

2.4.2　板形调节系数的自适应

在轧制过程的前期，首先进行不同规格的带钢的非生产指标的轧制实验，并按照带钢宽度和轧制力对轧制数据进行分组。因此，能够初步计算出一系列坐标系下板形调节系数的估计值，将这若干个不同的工作点做成表格；然后以文件的形式保存下来，每个工作点都对应一个二维的先验功效系数矩阵[118~120]。

板形调控功效系数的自学习模型不断利用本周期的实测板形数据改进上周期学习后的板形调控功效系数，同时将改进后的板形调控功效系数以文件的形式保存下来。

2.5 影响函数法的研究

影响函数法的主要步骤：辊系被分解为多个细小片段，根据相同的片段划分方式将载荷以及弹性变形离散化；在对各个细小片段作用单位力时，在辊系各个细小片段引起的变形可以通过影响函数的方式进行数学建模；将在辊系中的各个细小片段由单位力作用引起的变形求和，则能够计算出每个细小片段的总变形值，最后能够计算出轧机出口的带钢的张力分布情况和厚度分布情况。

2.5.1 辊系弯曲影响函数

在板带材轧制过程中，轧辊弹性变形直接影响到最终产品的断面形状，而轧件的断面形状恰好就是有载辊缝形状，横移和液压弯辊控制板形的手段则是通过轧辊弹性变形实现的。

轧辊弯曲的影响函数，通过将轧辊半辊身等效为悬臂梁，采用卡氏定理来求解。轧辊总变形能引起的挠度即轧辊弯曲的影响函数。

受单位载荷的工作辊变形如图2.1所示，在 j 单元作用单位力，因为所求位移处没有相应的力的作用，需要在其上施加一个与所求位移相应的虚载荷，在求得偏导数后，再令虚载荷为零，即可得到所求位移。以轧辊中心为坐标原点，以轧辊轴线为横坐标，以轧辊中心线为纵坐标。

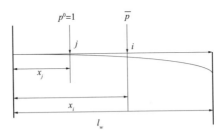

图 2.1　受单位载荷的工作辊变形

设在 i 单元作用虚力 $\bar{p}$，而且 $x_i > x_j$，根据静力学力系平衡条件分别求出各段的力矩 M 和剪力 Q：

$$
\begin{cases}
M_1 = (x_j - x) p^0 + \bar{p}(x_i - x) = x_j + \bar{p} x_i - (1 + \bar{p}) x \\
M_2 = \bar{p}(x_i - x) \\
M_3 = 0 \\
Q_1 = p^0 + \bar{p} = \bar{p} + 1 \\
Q_2 = \bar{p} \\
Q_3 = 0
\end{cases}
\tag{2.15}
$$

式中，x_i——i 单元的坐标；

　　　x_j——j 单元的坐标；

　　　p^0——作用在 j 单元的单位力；

　　　$\bar{p}$——作用在 i 单元的虚力；

　　　M_1，M_2，M_3——对应段上的弯矩；

　　　Q_1，Q_2，Q_3——对应段上的剪力。

工作辊总弯曲变形能为

$$
U_b = \frac{1}{2E_w I_w} \int_0^{l_w} M^2 \mathrm{d}x = \frac{1}{2E_w I_w} \left(\int_0^{x_j} M_1^2 \mathrm{d}x + \int_{x_j}^{x_i} M_2^2 \mathrm{d}x + \int_{x_i}^{l_w} M_3^2 \mathrm{d}x \right)
\tag{2.16}
$$

式中，l_w——工作辊长度的 1/2；

　　　E_w——工作辊弹性模量；

　　　I_w——工作辊抗弯截面模数；

　　　U_b——总弯曲变形能。

工作辊总变形能引起的挠度为

$$
\begin{aligned}
g_w(i,j) &= g_w^B(i,j) + g_w^s(i,j) \\
&= \frac{1}{6E_w I_w} \{ x_j^2 (3x_i - x_j) + (1 + \upsilon_w) D_w^2 x_j \}
\end{aligned}
$$

$$
x_i \geqslant x_j
\tag{2.17}
$$

式中，$g_w(i,j)$——在 j 单元施加单位力时总变形能引起 i 的挠度，mm/kN。

受单位载荷的支撑辊变形如图 2.2 所示，在 j 单元作用单位力，在压下位置作用单位反力。

设在 i 单元作用虚力 $\bar{p}$，而且 $x_i > x_j$，根据静力学力系平衡条件分别求出各段的力矩 M 和剪力 Q：

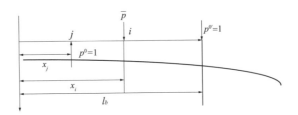

图 2.2　受单位载荷的支撑辊变形

$$\begin{cases} M_1' = (\bar{p}x_i - x_j + l_b) - \bar{p}x \\ M_2' = \bar{p}x_i + l_b - (1 + \bar{p})x \\ M_3' = l_b - x \\ Q_1' = \bar{p} \\ Q_2' = \bar{p} + 1 \\ Q_3' = 1 \end{cases} \tag{2.18}$$

式中，x_i——i 单元的坐标；

　　　x_j——j 单元的坐标；

　　　p^0——作用在 j 单元的单位力；

　　　$p^{0\prime}$——作用在压下位置的单位反力；

　　　$\bar{p}$——作用在 i 单元的虚力；

　　　M_1'，M_2'，M_3'——对应段上的弯矩；

　　　Q_1'，Q_2'，Q_3'——对应段上的剪力。

支撑辊总变形能引起的挠度为

$$g_b(i,j) = \frac{1}{6E_b I_b}\{3x_i^2(l_b - x_j) - (x_i - x_j)^3 + (1 + v_b)D_b^2(x_i - x_j)\} \tag{2.19}$$

$$x_i \geqslant x_j$$

式中，$g_b(i,j)$——在 j 单元施加单位力时总变形能引起 i 的挠度，

　　　　mm/kN。

2.5.2　轧辊压扁影响函数

轧制压力引起的工作辊弹性压扁影响函数表示在 j 单元作用单位轧制压

力时，在 i 单元产生的压扁变形。工作辊与中间辊之间的辊间压力引起的轧辊弹性压扁影响函数表示在 j 单元作用单位辊间压力时，在 i 单元产生的压扁变形。中间辊与支撑辊之间的辊间压力引起的轧辊弹性压扁影响函数为

$$\begin{cases} g_{ib}(i,j) = F^i(x_i - x_j) + F^b(x_i - x_j) = F^i(X_i) + F^b(X_i) \\ b_{ib}(j) = \sqrt{\dfrac{4\left(\dfrac{1-v_i^2}{\pi E_i} + \dfrac{1-v_b^2}{\pi E_b}\right)R_i R_b q_{ib}(j)}{(R_i + R_b)\Delta x}} \end{cases} \tag{2.20}$$

式中，$g_{ib}(i,j)$——中间辊与支撑辊之间的辊间压力引起的轧辊弹性压扁影响函数，即中间辊与支撑辊之间总的辊间压扁影响函数；

　　$F^i(x_i - x_j)$——中间辊的辊间压扁影响函数；

　　$F^b(x_i - x_j)$——支撑辊的辊间压扁影响函数；

　　$q_{ib}(j)$——j 单元的中间辊与支撑辊之间的辊间压力。

2.5.3　辊系变形方程

在工作辊弹性弯曲方程中，将工作辊分解为两个悬臂梁，然后分别求出左、右两部分的挠度，即

$$\begin{cases} Y_{wR} = G_w(Q_{wiR} - P_R) - G_{wf}F_w \\ Y_{wL} = G_w(Q_{wiL} - P_L) - G_{wf}F_w \end{cases} \tag{2.21}$$

式中，Y_{wR}，Y_{wL}——工作辊辊身左、右部分的挠度；

　　Y_w——工作辊辊身全长的挠度；

　　F_w——工作辊弯辊力；

　　G_w——工作辊弯曲影响函数矩阵；

　　G_{wf}——工作辊弯辊力影响函数向量。

在中间辊弹性弯曲方程中，将中间辊分解为两个悬臂梁，然后分别求出左、右两部分的挠度，即

$$\begin{cases} Y_{iR} = G_i(Q_{ibR} - Q_{wiR}) - G_{if}F_i \\ Y_{iL} = G_i(Q_{ibL} - Q_{wiL}) - G_{if}F_i \end{cases} \tag{2.22}$$

式中，Y_{iR}，Y_{iL}——中间辊辊身左、右部分的挠度；

　　Y_i——中间辊辊身全长的挠度；

F_i——中间辊弯辊力;

G_i——中间辊弯曲影响函数矩阵;

G_{if}——工作辊弯辊力影响函数向量。

在支撑辊弹性弯曲方程中,将支撑辊分解为两个悬臂梁,然后分别求出左、右两部分的挠度,即

$$\begin{cases} Y_{bR} = G_b Q_{ibR} \\ Y_{bL} = G_b Q_{ibL} \end{cases} \quad (2.23)$$

式中,Y_{bR},Y_{bL}——支撑辊辊身左、右两部分的挠度;

Y_b——支撑辊辊身全长的挠度;

G_b——支撑辊弯曲影响函数矩阵。

在轧制压力引起的工作辊弹性压扁方程中,沿轧件与轧辊接触区的全长求出轧制压力引起的工作辊弹性压扁量,即

$$Y_{ws} = G_{ws} P \quad (2.24)$$

式中,G_{ws}——轧制压力引起的工作辊弹性压扁影响函数矩阵;

Y_{ws}——轧制压力引起的工作辊弹性压扁向量;

P——轧制压力向量。

在工作辊和中间辊之间的弹性压扁方程中,沿工作辊和中间辊接触区的全长求出弹性压扁量,即

$$Y_{wi} = G_{wi} Q_{wi} \quad (2.25)$$

式中,G_{wi}——工作辊和中间辊辊间压力引起的弹性压扁影响函数矩阵;

Y_{wi}——工作辊和中间辊辊间压力引起的弹性压扁向量;

Q_{wi}——工作辊和中间辊辊间压力向量。

在中间辊和支撑辊之间的弹性压扁方程中,沿中间辊和支撑辊接触区的全长求出弹性压扁量,即

$$Y_{ib} = G_{ib} Q_{ib} \quad (2.26)$$

式中,G_{ib}——中间辊和支撑辊辊间压力引起的弹性压扁影响函数矩阵;

Y_{ib}——中间辊和支撑辊辊间压力引起的弹性压扁向量;

Q_{ib}——中间辊和支撑辊辊间压力向量。

利用工作辊在垂直方向上的受力平衡,可以建立工作辊平衡方程,即

$$\sum_{i=N_1}^{N_3} p(i) + 2F_w = \sum_{i=1}^{N} q_{wi}(i) \tag{2.27}$$

式中，$p(i)$——i 单元的轧制力；

　　　$q_{wi}(i)$——i 单元的工作辊与中间辊之间的辊间压力。

用中间辊在垂直方向上的受力平衡，可以建立中间辊平衡方程，即

$$\sum_{i=1}^{N} q_{wi}(i) + 2F_i = \sum_{i=1}^{N} q_{ib}(i) \tag{2.28}$$

式中，$q_{wi}(i)$——i 单元的工作辊与中间辊之间的辊间压力；

　　　$q_{ib}(i)$——i 单元的中间辊与支撑辊之间的辊间压力。

轧件和工作辊之间的变形协调方程为

$$H = H_0 + (Y_{ws} - Y_{ws0}) - Y_w + M_w \tag{2.29}$$

式中，$h(i)$——i 单元轧件轧后在过 O 点的水平线以上的高度；

　　　$h(0)$——O 点处轧件轧后高度的 $1/2$；

　　　$y_{ws}(0)$——O 点处轧制压力引起的工作辊弹性压扁量；

　　　$m_w(i)$——工作辊 i 单元凸度。

工作辊和中间辊之间的变形协调方程为

$$Y_{wi} = Y_{wi0} + Y_i - Y_w - M_w' - M_i \tag{2.30}$$

式中，$y_{wi}(0)$——O 点处工作辊和中间辊之间的辊间压力引起的弹性压扁量；

　　　$m_w(i)$——工作辊 i 单元凸度；

　　　$m_i(i)$——中间辊 i 单元凸度。

中间辊和支撑辊之间的变形协调方程为

$$Y_{ib} = Y_{ib0} + Y_b - Y_i - M_i - M_b \tag{2.31}$$

式中，$y_{ib}(0)$——O 点处中间辊和支撑辊之间的辊间压力引起的弹性压扁量；

　　　$m_i(i)$——中间辊 i 单元凸度；

　　　$m_b(i)$——支撑辊 i 单元凸度。

2.5.4　实例计算

影响函数法流程如图 2.3 所示。迭代环由内层到外层依次为：工作辊与中间辊的辊间压力迭代环、O 点处工作辊和中间辊的弹性压扁量迭代环、中

间辊与支撑辊的辊间压力迭代环、O 点处中间辊和支撑辊之间的弹性压扁量迭代环、轧件轧后高度迭代环。

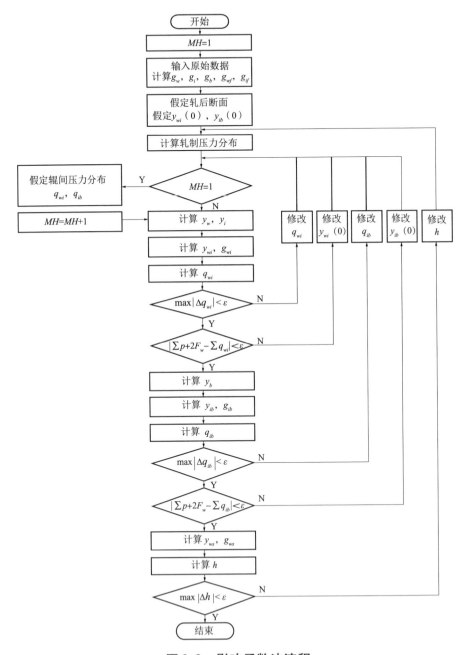

图 2.3 影响函数法流程

　　为了分析辊系弯曲与辊系压扁对带钢板形的影响，将半辊等效为悬臂梁，采用卡氏定理来求解轧辊弯曲影响函数，采用半无限体来求解轧辊压扁影响函数，通过力平衡方程和变形协调方程来建立辊系变形方程。采用影响函数法分析中间辊凸度的变化对带钢横向厚度分布的影响。

　　为了检验该模型的应用价值，在某 1 450mm 五机架冷连轧机组对其进行了测试。所轧制热轧卷来料厚度为 1.8～4.0mm，宽度为 750～1 300mm；冷轧产品厚度为 0.18～1.80mm。

　　带钢主要参数如表 2.1 所示。

表 2.1　带钢主要参数

参数	来料	成品
钢种	SPHC	SPCC
厚度/mm	2.5	0.43
宽度/mm	1 215	1 200

　　为了检验效果，以表 2.1 带钢参数为样本，在某 1 450mm 五机架冷轧机对其进行了测试。使用与上面相同的来料与成品规格，当中间辊凸度不同时，对比带钢厚度。仿真结果如图 2.4 所示。

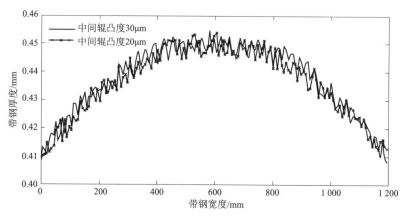

图 2.4　轧件轧后厚度分布

　　图 2.4 中，纵坐标为带钢厚度，横坐标为带钢宽度，两组曲线分别为中间辊凸度为 30μm、20μm 时对应的轧件厚度随着带钢宽度变化的曲线，当

中间辊凸度增加时，轧件轧后厚度呈现增加的趋势。

2.6 板形最优控制算法

研究调节机构调节量数学模型是获得高板形质量板带材的一种行之有效的方法[121~125]。通过分析在单位修订量的作用下，在沿着带钢宽度方向上，轧机辊缝形状各个测量段的板形改变量，采用板形调节系数，建立最优评价函数[126~129]。基于最优评价函数为目标板形与测量板形的偏差减去由各个调节机构消除的板形偏差的平方和的特点，提出了采用改进的容许方向法求解最优评价函数，从而克服了不可逆迭代矩阵无法求解的缺点。

2.6.1 评价函数

用于计算各个板形调节机构调节量的最优评价函数是基于带约束的最优化方法提出的[130~133]。由板形调控功效系数与调节机构调节量得到调节机构消除的板形偏差，由总的板形偏差减去各个调节机构消除的板形偏差的平方和得到最优评价函数：

$$J = \sum_{i=1}^{n} \left[g_i \left((\mathrm{mes}_i - \mathrm{ref}_i) - \sum_{j=1}^{m} \Delta u_j \cdot \mathrm{Eff}_{ij} \right) \right]^2 \qquad (2.32)$$

式中，J——最优评价函数；

n, m——测量段数目和调节机构数目；

Δu_j——第 j 个板形调节机构的调节量，kN；

Eff_{ij}——第 j 个板形调节机构对第 i 个测量段的板形调节功效系数；

mes_i——第 i 个测量段的板形测量值；

ref_i——第 i 个测量段的板形设定值，I；

g_i——板宽方向上各测量点的权重因子，其值为 0~1，代表调节机构对板宽方向各个测量点的板形影响程度，对于一般的来料而言，边部测量点的权重因子要比中部区域大。

2.6.2 约束条件

为了得到板形调节机构的调节量最优解，数学模型需要考虑调节机构的调节极限，当最优解仅仅满足对全部调节机构的调解量求偏导数为零时，即最优评价函数达到理想最小值。但是该最优解超出调解极限，显然它是不可以使用的，因此将求调节量最优解归结为带约束条件的最优化问题：

$$\begin{cases} \min J(\Delta u) \\ \text{s. t. } \boldsymbol{A}\Delta u \geqslant \boldsymbol{b} \end{cases} \tag{2.33}$$

式中，J——评价函数；

    Δu——板形调节机构的调节量向量，它的分量为 Δu_1，Δu_2，…，Δu_n，kN；

    $\boldsymbol{A}$——$m \times n$ 阶不等式约束矩阵（$m \times n$ 阶矩阵）；

    $\boldsymbol{b}$——m 维不等式约束向量（m 维向量）。

2.6.3 板形最优调节量

容许方向法的主要特点是用一系列无约束问题的极小点去逼近有约束问题的最优点，其典型策略是从容许点出发，沿着下降的容许方向进行搜索，求出使最优评价函数值下降的新的容许点，该算法的主要步骤是选择搜索方向和确定沿此方向移动的步长[134~136]。容许方向法利用求解线性规划问题寻找一个尽量使目标函数下降的可用的容许方向。

1. 设计板形调节量的下降容许方向

可以通过求解如下线性规划问题确定板形调节量 Δu 的下降容许方向向量：

$$\begin{cases} \min \nabla J\ (\Delta u)^{\text{T}}\boldsymbol{p} \\ \text{s. t. } \boldsymbol{A}'\boldsymbol{p} \geqslant 0 \\ -\boldsymbol{e} \leqslant \boldsymbol{p} \leqslant \boldsymbol{e} \end{cases} \tag{2.34}$$

式中 $\boldsymbol{e}$——分量全为 1 的 n 维向量，即 $\boldsymbol{e} = [1, 1, \cdots, 1]^{\text{T}}$。

若最优值为负，则最优解 $\boldsymbol{p}^*$ 就是板形调节量 Δu 的下降容许方向向量。最优值为零的情形见后面的内容终止准则。

2. 第一阶段算法结构

设计该板形调节量 Δu 算法的 C 程序编程结构，已知目标函数 $J(\Delta u)$ 及其梯度 $\nabla J(\Delta u)$，不等式约束的矩阵 $\boldsymbol{A}$ 和向量 $\boldsymbol{b}$，终止限 ε。

（1）选定初始板形调节量容许点 Δu_0；置 $k = 0$。

（2）把 A 分解为 A_k' 和 A_k''，相应地把 b 分解为 b_k' 和 b_k''，使 $A_k'\Delta u_k = b_k'$，$A_k''\Delta u_k > b_k''$。设 b_k'' 的维数为 τ。

（3）求解线性规划问题，最优解为 p_k：

$$\begin{cases} \min \nabla J\,(\Delta u)^T p \\ \text{s. t. } A'p \geqslant 0 \\ -e \leqslant p \leqslant e \end{cases}$$

（4）若 $|\nabla J\,(\Delta u_k)^T p_k| < \varepsilon$，则输出 Δu_k，跳出循环；否则，计算 $u = A_k''\Delta u_k - b_k''$，$v = A_k''p_k$。

（5）若 $v \geqslant 0$，则 $\bar{t} = +\infty$，否则，计算 $\bar{t} = \min\limits_{1 \leqslant i \leqslant \tau}\left\{ -\dfrac{u_i}{v_i} \mid v_i < 0 \right\}$，并求解

$$\begin{cases} \min J(\Delta u_k + t p_k) \\ \text{s. t. } 0 \leqslant t \leqslant \bar{t} \end{cases}$$

，设其最优解为 t_k；计算 $\Delta u_{k+1} = \Delta u_k + t_k p_k$。

（6）置 $k = k + 1$，转步骤（2）。

3. 确定板形调节量的下降容许方向

由于容许方向法是基于下降容许方向进行最优调节量搜索的，因此采用单纯形法寻优下降容许方向。将求解板形调节量的下降容许方向向量的线性规划问题转化为适合单纯形法寻优的形式。

求解板形调节量的下降容许方向向量的线性规划问题变换为

$$\begin{cases} \min c^T p^d \\ \text{s. t. } A^d p^d = b^d \\ p^d \geqslant 0 \end{cases} \tag{2.35}$$

4. 第二阶段算法结构

等式约束系数矩阵的各列向量为 a_1，a_2，$\cdots$，a_{w+4n}，其中下标为 t_1，t_2，$\cdots$，t_{w+2n} 的列向量构成标准容许基；右端项 b^d；目标函数变量的系数为 c_1，c_2，$\cdots$，c_{w+4n}。

（1）构造初始单纯形表。置 $\bar{b} = b^d$，$\bar{a}_j = a_j (j = 1, 2, \cdots, w + 4n)$，列准备表：

$$\bar{A} = \begin{bmatrix} \bar{a}_1 & \bar{a}_2 & \cdots & \bar{a}_{w+4n} & \vdots & \bar{b} \\ \hline -c_1 & -c_2 & \cdots & -c_{w+4n} & \vdots & 0 \end{bmatrix}$$

（2）求 $\sigma_l = \max\limits_{1 \leqslant j \leqslant w+4n}\{\sigma_j\}$。

（3）若 $\sigma_l \leqslant 0$，则当前基本容许解是最优解。最优解中下标为 t_1，t_2，…，t_{w+2n} 的分量和目标函数值依次是 $\bar{A}$ 中第 $w+4n+1$ 列的各个数，而其余 $2n$ 分量全为零，计算终止；否则，若 $\sigma_l > 0$，则转步骤（4）。

（4）若 $\bar{a}_l \leqslant 0$，则无最优解，计算终止；否则，转步骤（5）。

（5）求 $\dfrac{\bar{b}_k}{\bar{a}_{kl}} = \min\limits_{1 \leqslant i \leqslant w+2n} \left\{ \dfrac{\bar{b}_i}{\bar{a}_{il}} \mid \bar{a}_{il} > 0 \right\}$。由此确定 a_l 进基，a_{t_k} 退基。置 $t_k = l$。

（6）以 $\bar{a}_{kl}$ 为主元，对 $\bar{A}$ 换基运算，产生新的单纯形表，设仍用 $\bar{A}$ 表示。转步骤（2）。

5. 直线搜索最优板形调节量

最优步长因子 t^* 是如下有约束的一元函数极小化问题：

$$
\begin{cases}
\min J(\Delta u + t p^*) \\
\text{s. t. } 0 \leqslant t \leqslant \bar{t} \\
\bar{t} = \begin{cases}
+\infty, & v \geqslant 0 \\
\min\limits_{1 \leqslant i \leqslant \tau}\left\{ -\dfrac{u_i}{v_i} \mid v_i < 0 \right\}, & v < 0
\end{cases}
\end{cases}
\tag{2.36}
$$

因此，整个计算板形调节量的数学模型流程如图 2.5 所示。

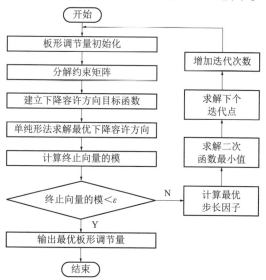

图 2.5　板形调节量的数学模型流程

2.6.4 实例计算

为了检验模型的效果，编写基于该模型的 C 语言进行仿真。仿真程序在 Visual Studio 环境下运行，C 语言仿真程序的主要流程如图 2.6 所示。

图 2.6 中，子函数 Rongxv_1 的作用是分解约束矩阵和约束向量。子函数 Rongxv_2 的作用是转换不等式约束。子函数 Rongxv_3 的作用是计算搜索区间的上极限。子函数 Danchunxing_0 的作用是引入人工变量。子函数 Danchunxing_1 的作用是寻找最小判别数对应的列，令该列为 q。子函数 Danchunxing_2 的作用是筛选 q 列的各行元素，令选定的行为 p。子函数 Danchunxing_3 的作用是标准化 p 行 q 列对应的元素并进行基变换。子函数 Danchunxing_4 的作用是从第一阶段选择准备表。子函数 Panduan_1 的作用是判断是否所有的判别数等于零。子函数 Panduan_2 的作用是判断目标函数与最优下降容许方向向量之积是否小于设定精度。

2.6.4.1 板形调节量下降容许方向的检验

例如，检验如下一个示例：

$$\begin{cases} \min x_1 + 2x_2 + 3x_3 \\ \text{s. t. } x_1 - 2x_2 + 4x_3 = 4 \\ 4x_1 - 9x_2 - 3x_3 = 16 \\ x_1,\ x_2,\ x_3 \geqslant 0 \end{cases} \tag{2.37}$$

引入两个人工变量，将数据输入，如图 2.7 所示。

图 2.7 所示为第一阶段运行结果，首先引入两个人工变量，即人工变量数等于约束条件数，并且令其为初始基变量，将基变量对应的目标函数变量的系数化为零，此时得到判别数。然后由子函数 Danchunxing_1 计算得到这些判别数中最小的对应列，把该列值存放在变量 q。接着对该列各个行的元素进行筛选，分别用右端项除以该列对应行的元素，选择比值小的行，并且该行的值存放在变量 p，这些运算由子函数 Danchunxing_2 完成。最后将选定的 p 行 q 列的元素化为 1，该列其他行元素化为零，包括该列的判别数也化为零，进行基变换。将以上过程循环运行，直到所有的判别数均大

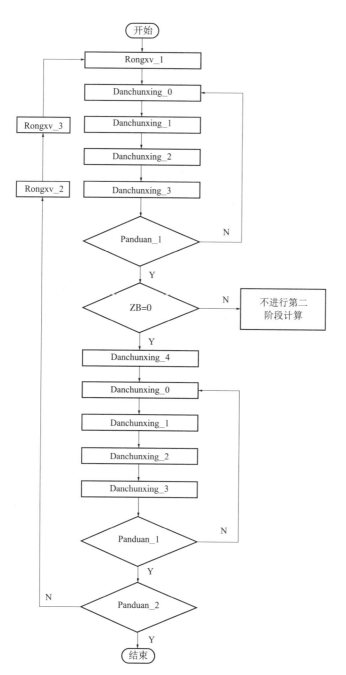

图 2.6　仿真程序流程

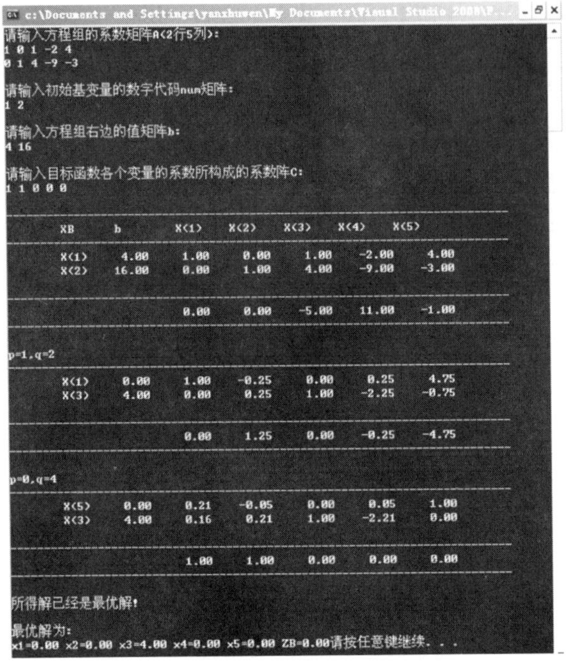

图 2.7　第一阶段运行结果

于等于零为止。例如，第一次循环后由 Danchunxing_1 得到最小判别数——5 对应的列为第三列，得 q 值为 2。由于第三列分别用右端项除以该列对应行的元素得到的比值相等，故选哪一行均可以，该程序随机选择第二行，故 p 值为 2。最后将选定的 2 行 3 列的元素化为 1，该列其他行元素化为零，包括该列的判别数也化为零，此时 x_2 退基，x_3 进基。循环以上步骤，直到所有的判别数均大于等于零为止。当判别数均大于等于零，右端项对应列的值即对应变量的最优解，把最优解代入目标函数，得到目标函数值，该目标函数值存放在变量 ZB 中。若 ZB 不等于零，则没有最优解，即不需要进行第二阶段运算。只有 ZB 等于零，第二阶段运算才是有意义的，因此可利用该机制作为跳出循环的判别条件之一。

　　由于第一阶段计算的 ZB 等于零，即第二阶段的计算是有意义的，开始继续进行第二阶段的计算，如图 2.8 所示。

　　图 2.8 中，首先从第一阶段的最优表选择第二阶段的准备表，由于第一阶段引入系数矩阵的行数个人工变量，所以进行如下判断：当基变量的下

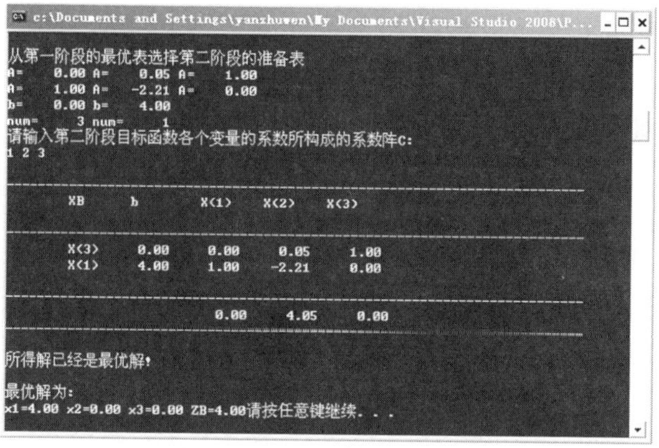

图 2.8　第二阶段运行结果

标与系数矩阵的行数不等时，才把该行选定为第二阶段的准备表里的行；若基变量的下标与系数矩阵的行数相等，则该行不选定为第二阶段的准备表里的行。选定后需要进行相应的下标变换，即把原来的下标均减去系数矩阵的行数，也就是把原来的下标均减去人工变量个数值。例如，第一阶段最优表基变量 x_5 的下标是 5，它不等于系数矩阵的行数值 2，故把基变量 x_5 所在最优表中的行选作第二阶段的准备表，选定后要把基变量 x_5 的下标减去系数矩阵的行数值，变换为 x_3 作为第二阶段的准备表的基变量。然后输入第二阶段目标函数各个变量的系数，再一次进行等价于第一阶段的循环运算，得到的最优解即原问题的最优解，ZB ＝4 为把最优解代入目标函数所得的目标函数值。

已知最优解为 $x = [4,0,0,0]$，最优值为 4，程序与之是一致的，因此该部分程序正确性验证完毕。

2.6.4.2　板形调节量最优解可行性检验

例如，检验下面一个示例：

$$\begin{cases} \min x_1^2 + 4x_2^2 \\ \text{s. t. } x_1 + x_2 \geqslant 1 \\ 15x_1 + 10x_2 \geqslant 12 \\ x_1 \geqslant 0, \ x_2 \geqslant 0 \end{cases} \quad (2.38)$$

中间值的计算如图 2.9 所示。

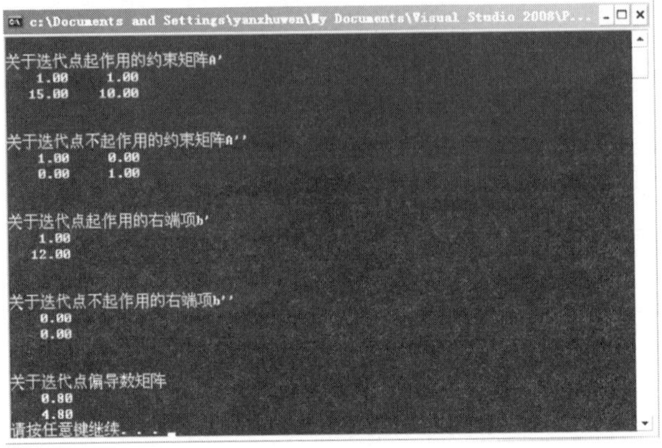

图 2.9　中间值的计算

图 2.9 中，主要包括由 C 程序计算出的起作用的约束、不起作用的约束、起作用的右端项、不起作用的右端项、关于迭代点的偏导数，即梯度矩阵。这些中间值对后续的计算至关重要，直接影响最终结果的正确性。经过检验，该中间值与已知的计算结果同样是一致的。

改进的容许方向法计算结果如图 2.10 所示。

图 2.10　改进的容许方向法计算结果

经过计算，已知该问题最优解为点（0.8，0.2），而本程序运算结果也是点（0.8，0.2）。可以看到，运算循环运行了 89 次，图 2.10 截取的是最后 3 次的运算，误差是逐渐减小的；第一阶段 ZB 值均为零，证明第二阶段的运算是有意义的；第二阶段 ZB 值的绝对值减小，即误差逐渐减小，说明迭代点越来越接近最优点，迭代过程是朝着逐渐接近最优点的方向的。

2.7 本章小结

（1）针对轧辊温度分布不均匀、带钢厚度分布不均匀以及边部减薄的状况，设计了板形曲线设定模型的补偿曲线，消除了系统误差对带钢板形造成的不良影响。

（2）分别研究了板形测量值处理模型中的径向力、包角、边部覆盖率以及边部面积因子，保证了板形反馈信号的准确性，提高了板形检测信号的精度。

（3）采用影响函数法建立了辊系迭代矩阵，分析了轧辊凸度变化对带钢横向厚度分布的影响。仿真结果显示，当中间辊凸度从 $20\mu m$ 增加到 $30\mu m$ 时，轧件轧后厚度呈现增加的趋势；设计了关于轧辊凸度与带钢板形的分析模型，实现了辊间压力与轧辊压扁的离线计算。

（4）提出了一种板形执行器调节量寻优模型，采用容许方向法与单纯形法相结合的方式来寻优执行器调节量，并检验了该模型的计算能力。实例仿真结果表明，该模型计算的下降容许方向和调节量最优解均有较高的精度，能够满足板形控制精度的要求。

第3章　冷轧板形控制系统协同优化
分配策略的研究

在主流的轧钢控制工艺中，工作辊弯辊和中间辊弯辊是两种重要的板形控制手段。在实际轧制过程中，带钢板形状况十分复杂，获得良好的板形质量需要工作辊弯辊和中间辊弯辊同时参与板形调控。由于工作辊弯辊与中间辊弯辊对板形的调节效率曲线弯曲方向相同，当调节方向不一致时，组合后的最终调节效果存在相互抵消的情况[137-141]，这会大大降低轧机的板形调节效率，减弱板形控制系统的调节能力[142-147]。如果频繁出现调节方向不一致的情况，则轧辊的磨损程度会越来越严重，进而导致轧机的性能越来越差[148,149]。因此，本章以某 1 450mm 五机架冷轧机组为研究对象，在研究工作辊弯辊与中间辊弯辊调节特点的基础上，将调节方向一致性作为约束条件，提出一种弯辊力协同优化分配策略。同时，对该策略的作用效果进行现场测试，并分析不同轧制阶段、不同区域带钢的板形状况。

3.1　板形控制系统的构成

现代板带轧机的板形控制系统包括过程自动化和基础自动化。过程自动化从生产管理系统接收钢卷的生产信息，经过一定触发后开始钢卷的设定计算。板形设定计算的内容包括各个板形调节机构的调节量，设定计算完成后将这些设定值发送到基础自动化执行相应的控制。

3.2　板形调节机构设定模型

板形设定控制是板形控制计算机在带钢进入辊缝前，根据所选定的目标板形，预先设置板形调控机构的调节量并输出到执行机构。设定控制的精度关系到每一卷带钢的废弃长度，即成材率。同时，当反馈控制模块投入运行时，当时的设定值就是反馈控制的起始点、初始值，它的正确与否将影响到反馈控制模块调整板形达到目标值的收敛速度和收敛精度。

1. 板形调节机构设定模型特点

当带钢进入轧机辊缝前，需要预先设置轧机板形调控机构的调节量。从带钢带头进入辊缝直至建立稳定轧制的一段时间内，在反馈控制模块不能投入的情况下，仍需要设定值保证这一段带钢的板形。

2. 板形调节机构设定模型策略

设定计算必须考虑调节手段如何搭配以实现最佳的板形控制。具有高优先权的先进行计算，对辊缝凸度进行调节。响应慢的、灵敏度小的、轧制过程中不可动态调节的调控手段先调。

3.3　目标曲线设定方法

在板形设定计算和板形闭环反馈控制中都有板形目标曲线的概念。在板形闭环反馈控制中的目标曲线是反馈控制的目标值，板形闭环控制系统按照使实测板形与目标板形之间的偏差最小的方向进行计算和控制。

1. ABB 目标曲线设定模型

ABB 板形闭环控制系统采用的目标曲线方程为

$$F(x) = (K/100) \times (A_0 + A_2 x^2 + A_4 x^4 + A_8 x^8) \tag{3.1}$$

式中，K——目标曲线的幅值百分比系数，%；

　　　A_0——常数项系数；

　　　A_2——二次项系数；

　　　A_4——四次项系数；

　　　A_8——八次项系数；

x——带宽正则因子，取值范围为 $-1 \sim 1$。

2. 西门子目标板形设定模型

西门子板形闭环控制系统采用的目标曲线方程为

$$F(x) = f_0(x) + f_{\text{tilt}}(x) + f_{\text{bend}}(x) + f_{\text{edge}}(x) + f_{\text{cshc}}(x) \qquad (3.2)$$

式中，$f_0(x)$——基本目标曲线；

$f_{\text{tilt}}(x)$——目标曲线一次修正量；

$f_{\text{bend}}(x)$——目标曲线二次修正量；

$f_{\text{edge}}(x)$——目标曲线边部修正量；

$f_{\text{cshc}}(x)$——目标曲线卷形修正量；

x——带宽正则因子，取值范围为 $-1 \sim 1$。

3. 日立电气目标板形设定模型

日立电气板形闭环控制系统采用的目标曲线方程为

$$\begin{cases} f(x) = a_1 x + a_2 x^2 + a_4 x^4 \\ a_1 = \lambda_1 \\ a_2 = 4\lambda_4 - \lambda_2 \\ a_4 = 2\lambda_2 - 4\lambda_4 \end{cases} \qquad (3.3)$$

式中，a_1——多项式一次系数；

a_2——多项式二次系数；

a_4——多项式四次系数；

λ_1——板形一次系数；

λ_2——板形二次系数；

λ_4——板形四次系数；

x——带宽正则因子，取值范围为 $-1 \sim 1$。

3.4 设定计算类型

产生设定值的方法可由操作人员根据生产经验人工设定，也可由设定模型根据带钢有关参数计算并输出给板形调控机构。

1. 统计法

统计法的原理是根据操作人员设定的经验，通过数据的统计、回归来建立设定模型。建立工艺参数与板形调控机构之间关系的简单表达式，这些表达式中包含了一些待定系数。根据大量生产测试数据的统计和回归，确定这些待定系数。

2. 表格法

表格法是根据离线数学模型的计算分析结果，在计算机中建立设定计算表格。由设备的特征参数、待轧材料的有关信息，查询预先制定好的这些表格，直接得出板形调控机构的预设定值。

3. 解析法

解析法根据物理模型，采用一定的假设和简化，应用解析公式进行辊缝计算，通过适当的数学方法求解轧辊挠曲微分方程，得出关于轧辊变形乃至轧后断面形状的解析表达式，最终求得合理的板形调控机构设定值。

4. 数值法

数值法以物理模型为基础，将辊缝离散为很多单元，将轧辊所承受的载荷及带钢也相应离散化，对每个单元分别计算，然后考虑整体的关系求解方程组，经过一系列的迭代计算最终得到合理的设定结构。

3.5　板形控制中的跨学科方法

板形系统是一个多变量、非线性的复杂系统，影响因素众多，这些影响因素相互作用并构成了一个极其复杂的被控对象。随着控制方法和技术的不断发展，在板形自动控制领域，以人工神经网络、模糊推理和预测控制等为代表的建模方法开始被重视，而且研究与应用都呈现迅猛发展的态势。

1. 板形控制中的 BP 神经网络

BP 神经网络具有良好的自学习、自适应、非线性映射和动态容错的能力和优势。板形缺陷模式识别的实质是人工神经网络擅长的非线性映射属性的估计问题。通过仿真或者统计建立的板形控制模型都存在一定程度的不精确，必须由模型的自适应功能来进行修正，自适应模型的作用就是在可靠测量值的基础上计算修正各模型的自适应系数。

2. 板形控制中的模糊控制技术

模糊控制是应用模糊集合理论统筹考虑的一种控制方式。模糊控制可以将工艺操作人员的经验加以总结，运用语言变量和模糊控制的理论，归纳出控制结果。

3. 板形控制中的预测控制技术

各轧制因素间较强的非线性、时变及耦合性，使得按传统方法建立起来的数学模型结构极其复杂，无法满足现场实时控制的要求。基于 Hopfield 网络的板形预测控制模型具有较好的跟踪目标信号的能力[150~153]。

3.6　板形执行机构调节方向约束算子

为了消除工作辊弯辊与中间辊弯辊之间的抵消效应，将两种弯辊力的调节方向作为约束算子[154~157]，求解修正后的工作辊弯辊调节量和中间辊调节量的表达式为

$$\begin{cases} \min \quad J = \sum_{i=1}^{N} \left\{ [X_w E_w(i) + X_i E_i(i)] - [a_w E_w(i) + a_i E_i(i)] \right\}^2 \\ \text{s. t.} \begin{cases} l_w \leqslant X_w \leqslant u_w \\ l_i \leqslant X_i \leqslant u_i \\ X_w X_i > 0 \end{cases} \end{cases} \tag{3.4}$$

式中，N——测量段数；

J——调节方向问题的目标函数；

a_w——修正前的工作辊弯辊调节量，kN；

a_i——修正前的中间辊弯辊调节量，kN；

X_w——修正后的工作辊弯辊调节量，kN；

X_i——修正后的中间辊弯辊调节量，kN；

E_w——工作辊弯辊功效系数，I/ kN；

E_i——中间辊弯辊功效系数，I/ kN；

l_w——工作辊弯辊调节量下极限，kN；

u_w——工作辊弯辊调节量上极限，kN；

l_i——中间辊弯辊调节量下极限，kN；

u_i——中间辊弯辊调节量上极限，kN。

将式（3.4）转换为如下形式：

$$\begin{cases} \min & f_{TV}(\bar{x}_{TV}) \\ \text{s. t.} & g_{TVi}(\bar{x}_{TV}) \geqslant 0 \quad i = 1, 2, \cdots, m_{TV} \end{cases} \quad (3.5)$$

式中，$f_{TV}(\bar{x}_{TV})$——调节方向问题的目标函数 J 的等价形式；

　　　$g_{TVi}(\bar{x}_{TV})$——调节方向问题的非线性不等式约束条件；

　　　m_{TV}——调节方向问题的非线性不等式约束条件的个数；

　　　$\bar{x}_{TV}$——由修正后的工作辊弯辊调节量和修正后的中间辊弯辊调节量

　　　　　组成的调节方向问题的向量，即 $\bar{x}_{TV} = (X_w, X_i)^{\mathrm{T}}$。

3.7　T-V 搜索方向的确定

设 $\bar{x}_{TV}$ 为一个可行点，$\nabla f_{TV}(\bar{x}_{TV})$ 为目标函数偏导数，$\bar{P}_{TV}$ 为一个向量。如果满足 $\nabla f_{TV}(\bar{x}_{TV})^{\mathrm{T}} \bar{P}_{TV} < 0$，则向量 $\bar{P}_{TV}$ 为点 $\bar{x}_{TV}$ 处的一个下降方向。

设 $\nabla g_{TVi}(\bar{x}_{TV})$ 为不起作用约束函数偏导数，在 $\bar{x}_{TV}$ 处起作用约束的下标集合为 $I_{TV} = \{i | g_{TVi}(\bar{x}_{TV}) = 0\}$，函数 $f_{TV}(\bar{x}_{TV})$ 及起作用约束 $g_{TVi}(\bar{x}_{TV})(i \in I_{TV})$ 在可行点处可微，不起作用约束函数 $g_{TVi}(\bar{x}_{TV})(i \notin I_{TV})$ 在 $\bar{x}_{TV}$ 处连续，并且满足 $\nabla g_{TVi}(\bar{x}_{TV})^{\mathrm{T}} \bar{P}_{TV} > 0 \quad (TVi \in I_{TV})$，则向量 $\bar{P}_{TV}$ 是点 $\bar{x}_{TV}$ 处的一个可行方向。

当 $i \notin I_{TV}$ 时，由于 $g_{TVi}(\bar{x}_{TV})$ 在 $\bar{x}_{TV}$ 处连续和 $g_{TVi}(\bar{x}_{TV}) > 0$，则对于足够小的 $\lambda_{TV} > 0$，必有 $g_{TVi}(\bar{x}_{TV} + \lambda_{TV} \bar{P}_{TV}) \geqslant 0 (i \notin I_{TV})$。当 $i \in I_{TV}$ 时，由于 $g_{TVi}(\bar{x}_{TV})$ 在 $\bar{x}_{TV}$ 处可微，则可以推导出 $g_{TVi}(\bar{x}_{TV} + \lambda_{TV} \bar{P}_{TV}) = g_{TVi}(\bar{x}_{TV}) + \lambda_{TV} \nabla g_{TVi}(\bar{x}_{TV})^{\mathrm{T}} \bar{P}_{TV} + 0(\lambda_{TV})$。当 λ_{TV} 趋于零时，则 $0(\lambda_{TV})$ 趋于零。其中，λ_{TV} 为搜索步长因子向量。由此可以推导出 $g_{TVi}(\bar{x}_{TV} + \lambda_{TV} \bar{P}_{TV}) - g_{TVi}(\bar{x}_{TV})/\lambda_{TV} = \nabla g_{TVi}(\bar{x}_{TV})^{\mathrm{T}} \bar{P}_{TV} + 0(\lambda_{TV})$。由于 $\nabla g_{TVi}(\bar{x}_{TV}) \bar{P}_{TV} > 0$，所以对于足够小的 $\lambda_{TV} > 0$，可以推导出 $g_{TVi}(\bar{x}_{TV} + \lambda_{TV} \bar{P}_{TV}) - g_{TVi}(\bar{x}_{TV}) > 0$，也就是可以得到 $g_{TVi}(\bar{x}_{TV} + \lambda_{TV} \bar{P}_{TV}) > 0 \quad (i \in I_{TV})$。

由以上分析可知，存在足够小的 $\lambda_{TV} > 0$，使得 $g_{TV}(\bar{x}_{TV} + \lambda_{TV} \bar{P}_{TV}) \geqslant 0$

$(i=1,2,\cdots,m_{TV})$。从而$(\bar{x}_{TV}+\lambda_{TV}\bar{P}_{TV})$为一个可行点，根据可行方向的定义$\bar{P}_{TV}$则为从$\bar{x}_{TV}$点出发的一个可行方向。

如果同时满足$\nabla f_{TV}(\bar{x}_{TV})^{\mathrm{T}}\bar{P}_{TV}<0$和$\nabla g_{TVi}(\bar{x}_{TV})^{\mathrm{T}}\bar{P}_{TV}>0$，$TVi\in I_{TV}$，则向量$\bar{P}_{TV}$就是点$\bar{x}_{TV}$处的一个可行下降方向。根据这个要求，只需求$\nabla f_{TV}(\bar{x}_{TV})^{\mathrm{T}}\bar{P}_{TV}$和$-\nabla g_{TVi}(\bar{x}_{TV})^{\mathrm{T}}\bar{P}_{TV}(i\in I_{TV})$中的最大值小于零的方向即可。设$y_{TV}$为终止迭代判断条件，于是得到$y_{TV}=\max\{\nabla f_{TV}(\bar{x}_{TV})^{\mathrm{T}}\bar{P}_{TV},-\nabla g_{TVi}(\bar{x}_{TV})\bar{P}_{TV},(i\in I_{TV})\}$。

这样，T-V搜索方向由下式计算：

$$\begin{cases}\min\quad f_{TV}(\bar{P}_{TV},y_{TV})=y_{TV}\\ \mathrm{s.\,t.}\begin{cases}\nabla f_{TV}(\bar{x}_{TV})^{\mathrm{T}}\bar{P}_{TV}\leqslant y_{TV}\\ -\nabla g_{TVi}(\bar{x}_{TV})^{\mathrm{T}}\bar{P}_{TV}\leqslant y_{TV}\quad i\in I_{TV}\\ -1\leqslant P_{TVj}\leqslant 1,j=1,2,\cdots,n_{TV}\end{cases}\end{cases}\quad(3.6)$$

式中，$\bar{P}_{TV}$——调节方向问题的T-V搜索方向；

y_{TV}——调节方向问题的终止迭代判断条件；

∇f_{TV}——调节方向问题的目标函数偏导数；

∇g_{TVi}——调节方向问题的不起作用约束函数偏导数。

在调节方向问题的T-V搜索方向迭代计算中，用式（3.6）所产生的迭代点列不一定收敛于库恩-塔克点。为了保证算法的收敛，进行了如下改进：

$$\begin{cases}\min\quad f_{TV}(\bar{P}_{TV},y_{TV})=y_{TV}\\ \mathrm{s.\,t.}\begin{cases}\nabla f_{TV}(\bar{x}_{TV})^{\mathrm{T}}\bar{P}_{TV}-y_{TV}\leqslant 0\\ -\nabla g_{TVi}(\bar{x}_{TV})^{\mathrm{T}}\bar{P}_{TV}-y_{TV}\leqslant g_{TVi}(\bar{x}_{TV}),i=1,2,\cdots,m_{TV}\\ -1\leqslant P_{TVj}\leqslant 1,j=1,2,\cdots,n_{TV}\end{cases}\end{cases}\quad(3.7)$$

式中，$\bar{P}_{TV}$——调节方向问题的T-V搜索方向；

y_{TV}——调节方向问题的终止迭代判断条件；

∇f_{TV}——调节方向问题的目标函数偏导数；

∇g_{TVi}——调节方向问题的不起作用约束函数偏导数。

3.8　搜索思维模式

如果第 k_{TV} 次迭代得到 $\bar{x}_{TV}^{(k_{TV})}$ 点，那么下一个迭代点则为 $\bar{x}_{TV}^{(k_{TV}+1)} = \bar{x}_{TV}^{(k_{TV})} + \lambda_{TVk_{TV}} \bar{P}_{TV}^{(k_{TV})}$。其中，$\bar{x}_{TV}^{(k_{TV})}$ 为第 k_{TV} 次迭代向量；$\bar{x}_{TV}^{(k_{TV}+1)}$ 为第 $k_{TV}+1$ 次迭代向量；$\bar{P}_{TV}^{(k_{TV})}$ 是从 $\bar{x}_{TV}^{(k_{TV})}$ 点出发的一个 T-V 搜索方向[158~161]；$\lambda_{TVk_{TV}}$ 是 T-V 搜索方向的步长因子，从点 $\bar{x}_{TV}^{(k_{TV})}$ 出发沿方向 $\bar{P}_{TV}^{(k_{TV})}$ 通过受约束的一维搜索得到[162~165]。但是，这里的步长因子 $\lambda_{TVk_{TV}}$ 的上界 $\lambda_{TVk_{TV}}^{U}$ 已不像线性约束的情形那样具有显式计算公式，而是根据新迭代点的可行性通过如下搜索获得：

$$
\begin{cases}
\lambda_{TVk_{TV}} = \max\left\{\lambda_{TVk_{TV}} \mid g_{TVi}\left(\bar{x}_{TV}^{(k_{TV})} + \lambda_{TVk_{TV}} \bar{P}_{TV}^{(k_{TV})}\right) \geqslant 0, i = 1,2,\cdots,m_{TV}\right\} \\
\min \quad f_{TV}(\lambda_{TVk_{TV}}) = f_{TV}\left(\bar{x}_{TV}^{(k_{TV})} + \lambda_{TVk_{TV}} \bar{P}_{TV}^{(k_{TV})}\right) \\
\text{s. t.} \quad 0 \leqslant \lambda_{TVk_{TV}} \leqslant \lambda_{TVk_{TV}}^{U}
\end{cases}
$$

$$(3.8)$$

式中，$\bar{P}_{TV}$——调节方向问题的 T-V 搜索方向；

　　　$\lambda_{TVk_{TV}}$——T-V 搜索方向的步长因子；

　　　$\lambda_{TVk_{TV}}^{U}$——T-V 搜索方向的步长因子的上界。

3.9　学习思维模式

将 T-V 搜索方向问题进行如下转换：

$$
\begin{cases}
\min \quad f_{AI}(x_{AI}) = c_{AI1}x_{AI1} + c_{AI2}x_{AI2} + \cdots + c_{AIn_{AI}}x_{AIn_{AI}} \\
\text{s. t.}
\begin{cases}
r_{AI1} = a_{AI11}x_{AI1} + a_{AI12}x_{AI2} + \cdots + a_{AI1n_{AI}}x_{AIn_{AI}} - b_{AI1} \geqslant 0 \\
r_{AI2} = a_{AI21}x_{AI1} + a_{AI22}x_{AI2} + \cdots + a_{AI2n_{AI}}x_{AIn_{AI}} - b_{AI2} \geqslant 0 \\
\qquad\qquad\qquad\qquad\vdots \\
r_{AIm_{AI}} = a_{AIm_{AI}1}x_{AI1} + a_{AIm_{AI}2}x_{AI2} + \cdots + a_{AIm_{AI}n_{AI}}x_{AIn_{AI}} - b_{AIm_{AI}} \geqslant 0 \\
\qquad\qquad x_{AIi} \geqslant 0, i = 1,2,\cdots,n_{AI}
\end{cases}
\end{cases}
$$

$$(3.9)$$

式中，f_{AI}——调节方向问题的目标函数 J 的等价形式；

x_{AI}——由 T-V 搜索方向和调节方向问题的终止迭代判断条件组成的学习向量；

r_{AI}——T-V 搜索方向问题的学习约束条件；

a_{AI}——T-V 搜索方向问题的学习约束矩阵；

b_{AI}——T-V 搜索方向问题的学习约束向量；

c_{AI}——T-V 搜索方向问题目标函数的学习系数矩阵。

采用补偿函数的方式构造能量函数，即通过在目标函数 $f_{AI}(x_{AI})$ 上添加补偿函数项将条件限制问题转化为无条件限制问题[166~169]。当不满足约束条件时，补偿函数项的值越大[170,171]。能量函数和补偿函数如下：

$$\begin{cases} E_{AI}(x_{AI}, K_{AI}) = \sum_{j=1}^{n_{AI}} c_{AIj} x_{AIj} + K_{AI} \sum_{i=1}^{m_{AI}} P_{AIi}[r_{AIi}(x_{AI})] \\ P_{AIi}[r_{AIi}(x_{AI})] = \begin{cases} 0, r_{AIi}(x_{AI}) \geqslant 0 \\ > 0, r_{AIi}(x_{AI}) < 0 \end{cases} \end{cases} \quad (3.10)$$

式中，E_{AI}——T-V 搜索方向问题的能量函数；

K_{AI}——T-V 搜索方向问题的补偿系数；

P_{AIi}——T-V 搜索方向问题的补偿函数；

r_{AI}——T-V 搜索方向问题的学习约束条件。

令 $P_{AIi}[r_{AIi}(x_{AI})]$ 为二次补偿函数项，那么可以得到能量函数为

$$\begin{cases} \min \quad E_{AI}(x_{AI}, K_{AI}) = \sum_{}^{n_{AIj=1}} c_{AIj} x_{AIj} + \frac{K_{AI}}{2} \sum_{i=1}^{m_{AI}} ([r_{AIi}(x_{AI})]_{-})^2 \\ [r_{AIi}(x_{AI})]_{-} = \min\{0, r_{AIi}(x_{AI})\} \end{cases} \quad (3.11)$$

利用梯度方法将能量函数 $E_{AI}(x_{AI}, K_{AI})$ 映射为差分方程组：

$$\begin{cases} \dfrac{dx_{AI}}{dt} = -\boldsymbol{\mu}_{AI} \nabla_{x_{AI}} E_{AI}(x_{AI}, K_{AI}) = -\boldsymbol{\mu}_{AI} \dfrac{\partial E_{AI}(x_{AI}, K_{AI})}{\partial x_{AI}} \\ \qquad\qquad x_{AI}(0) = x_{AI}^{(0)} \\ \boldsymbol{\mu}_{AI} = \begin{bmatrix} \mu_{AI1} & & & \\ & \mu_{AI2} & & \\ & & \ddots & \\ & & & \mu_{AIn} \end{bmatrix}, \mu_{AIj} > 0, K_{AI} \gg 0 \end{cases} \quad (3.12)$$

式中，$\boldsymbol{\mu}_{AI}$——T-V 搜索方向问题的神经网络参数矩阵。

将式（3.12）转换为标量形式：

$$\begin{cases} \dfrac{\mathrm{d}x_{AIj}}{\mathrm{d}t} = -\mu_{AIj}\left[c_{AIj} + K_{AI}\sum\limits_{i=1}^{m_{AI}} S_{AIi}a_{AIij}r_{AIi}(\boldsymbol{x}_{AI}) \right] \\ x_{AIj}(0) = x_{AIj}^{(0)}, j = 1, 2, \cdots, n_{AI} \\ S_{AIi} = \begin{cases} 0, r_{AIi}(\boldsymbol{x}_{AI}) \geqslant 0 \\ 1, r_{AIi}(\boldsymbol{x}_{AI}) < 0 \end{cases} \end{cases} \quad (3.13)$$

将式（3.13）展开，可得

$$\begin{cases} \dfrac{\mathrm{d}x_{AI1}}{\mathrm{d}t} = -\mu_{AI1}\left[c_{AI1} + K_{AI}\sum\limits_{i=1}^{m_{AI}} S_{AIi}a_{AIi1}r_{AIi}(\boldsymbol{x}_{AI}) \right], j = 1 \\ \dfrac{\mathrm{d}x_{AI2}}{\mathrm{d}t} = -\mu_{AI2}\left[c_{AI2} + K_{AI}\sum\limits_{i=1}^{m_{AI}} S_{AIi}a_{AIi2}r_{AIi}(\boldsymbol{x}_{AI}) \right], j = 2 \\ \qquad\qquad \vdots \qquad\qquad \vdots \\ \dfrac{\mathrm{d}x_{AIn}}{\mathrm{d}t} = -\mu_{AIn}\left[c_{AIn} + K_{AI}\sum\limits_{i=1}^{m_{AI}} S_{AIi}a_{AIin}r_{AIi}(\boldsymbol{x}_{AI}) \right], j = n_{AI} \end{cases} \quad (3.14)$$

至此，可得差分方程组：

$$\boldsymbol{x}_{AI}(k_{AI}+1) = \boldsymbol{x}_{AI}(k_{AI}) - \boldsymbol{\mu}_{AI}\frac{\partial E_{AI}(\boldsymbol{x}_{AI}(k_{AI}), K_{AI})}{\partial \boldsymbol{x}_{AI}} \quad (3.15)$$

式中，$E_{AI}(\boldsymbol{x}_{AI}(k_{AI}), K_{AI})$——第 k_{AI} 次循环周期的能量函数；

$E_{AI}(\boldsymbol{x}_{AI}(k_{AI}+1), K_{AI})$——第 $k_{AI}+1$ 次循环周期的能量函数。

3.10　AINTV 协同优化步骤

AINTV 协同优化流程如图 3.1 所示，具体步骤如下：

（1）选取 $\bar{x}_{TV}^{(0)}$ 为初始点，$\varepsilon_{TV} > 0$，置 $k_{TV} = 0$。

（2）构造线性问题如下：

$$\min\quad f_{TV}(\bar{\boldsymbol{P}}_{TV}, y_{TV}) = y_{TV}$$

$$\mathrm{s.\,t.}\begin{cases} \nabla f_{TV}(\bar{\boldsymbol{x}}_{TV})^{\mathrm{T}}\bar{\boldsymbol{P}}_{TV} - y_{TV} \leqslant 0 \\ -\nabla g_{TVi}(\bar{\boldsymbol{x}}_{TV})^{\mathrm{T}}\bar{\boldsymbol{P}}_{TV} - y_{TV} \leqslant g_{TVi}(\bar{\boldsymbol{x}}_{TV}), i = 1, 2, \cdots, m_{TV} \\ -1 \leqslant P_{TVj} \leqslant 1, j = 1, 2, \cdots, n_{TV} \end{cases}$$

（3）转换线性问题形式如下：

$$\min \quad f_{AI}(\boldsymbol{x}_{AI}) = c_{AI1}x_{AI1} + c_{AI2}x_{AI2} + \cdots + c_{AIn_{AI}}x_{AIn_{AI}}$$

$$\text{s. t.} \begin{cases} r_{AI1} = a_{AI11}x_{AI1} + a_{AI12}x_{AI2} + \cdots + a_{AI1n_{AI}}x_{AIn_{AI}} - b_{AI1} \geq 0 \\ r_{AI2} = a_{AI21}x_{AI1} + a_{AI22}x_{AI2} + \cdots + a_{AI2n_{AI}}x_{AIn_{AI}} - b_{AI2} \geq 0 \\ \quad\quad\quad\quad\quad \vdots \\ r_{AIm_{AI}} = a_{AIm_{AI}1}x_{AI1} + a_{AIm_{AI}2}x_{AI2} + \cdots + a_{AIm_{AI}n_{AI}}x_{AIn_{AI}} - b_{AIm_{AI}} \geq 0 \\ x_{AI} \geq 0, i = 1,2,\cdots,n_{AI} \end{cases}$$

（4）置 $\boldsymbol{x}_{AI}(0) = \boldsymbol{x}_{AI}^{(0)} = (x_{AI1}^{(0)}, x_{AI2}^{(0)}, \cdots, x_{AIn}^{(0)})^{\mathrm{T}}$，$\boldsymbol{\mu}_{AI} = \begin{bmatrix} \mu_{AI1} & & & \\ & \mu_{AI2} & & \\ & & \ddots & \\ & & & \mu_{AIn} \end{bmatrix}$，

计算补偿系数 K_{AI}，精度 e_{AI} 进行赋值。

（5）计算权值，置 $k_{AI} = 0$，计算能量函数 $E_{AI}(\boldsymbol{x}_{AI}(k_{AI}), K_{AI})$，通过

$$\boldsymbol{x}_{AI}(k_{AI}+1) = \boldsymbol{x}_{AI}(k_{AI}) - \mu_{AIj}\left\{c_{AIj} + K_{AI}\sum_{i=1}^{m_{AI}}S_{AIi}a_{AIij}r_{AIi}[\boldsymbol{x}_{AI}(k_{AI})]\right\}$$ 进行学习。计算能量函数 $E_{AI}(\boldsymbol{x}_{AI}(k_{AI}+1), K_{AI})$。

（6）进行终止迭代条件判断，当 $E_{AI}(\boldsymbol{x}_{AI}(k_{AI}+1), K_{AI}) - E_{AI}(\boldsymbol{x}_{AI}(k_{AI}), K_{AI}) < e_{AI}$ 时，输出最优值，跳出循环。输出最优解为 $(\bar{\boldsymbol{P}}_{TV}^{(k_{TV})}, y_{TV}^{(k_{TV})})^{\mathrm{T}}$。转步骤（8）。

（7）进行循环迭代条件判断，当 $E_{AI}(\boldsymbol{x}_{AI}(k_{AI}+1), K_{AI}) - E_{AI}(\boldsymbol{x}_{AI}(k_{AI}), K_{AI}) \geq e_{AI}$ 时，回到步骤（5）。

（8）如 $|y_{TV}^{(k_{TV})}| \leq \varepsilon_{TV}$，输出 $\bar{\boldsymbol{x}}_{TV}^{(k_{TV})}$，计算停止；否则转步骤（9）。

（9）利用直线搜索技术，确定 $\lambda_{TVk_{TV}}$，使

$$\lambda_{TVk_{TV}} = \max\{\lambda_{TVk_{TV}}|g_{TVi}(\bar{\boldsymbol{x}}_{TV}^{(k_{TV})} + \lambda_{TVk_{TV}}\bar{\boldsymbol{P}}_{TV}^{(k_{TV})}) \geq 0, i = 1,2,\cdots,m_{TV}\}$$

（10）求解一维搜索问题：

$$\min \quad f_{TV}(\lambda_{TVk_{TV}}) = f_{TV}(\bar{\boldsymbol{x}}_{TV}^{(k_{TV})} + \lambda_{TVk_{TV}}\bar{\boldsymbol{P}}_{TV}^{(k_{TV})})$$
$$\text{s. t.} \quad 0 \leq \lambda_{TVk_{TV}} \leq \lambda_{TVk_{TV}}^{U}$$

（11）置 $\bar{\boldsymbol{x}}_{TV}^{(k_{TV}+1)} = \bar{\boldsymbol{x}}_{TV}^{(k_{TV})} + \lambda_{TVk_{TV}}\bar{\boldsymbol{P}}_{TV}^{(k_{TV})}$，转步骤（2）。

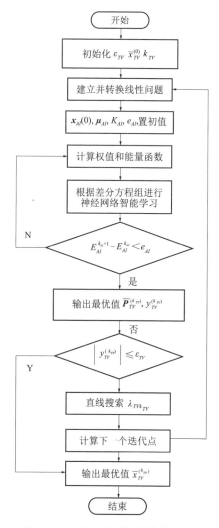

图 3.1　AINTV 协同优化流程

3.11　应用效果

AINTV 优化器模块如图 3.2 所示。

　　将 AINTV 协同优化算法生成优化器模块，其中 TV1 表示 AINTV 协同优化的初始点第一分量，TV2 表示 AINTV 协同优化的初始点第二分量，PTV 表示 AINTV 协同优化的第一级精度，NTV 表示 AINTV 协同优化的第一级选

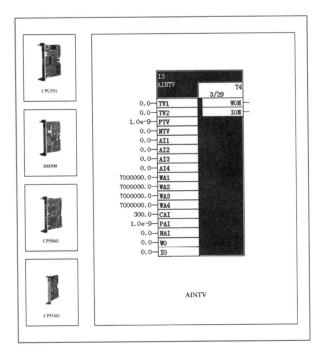

图 3.2　AINTV 优化器模块

代次数，AI1 表示人工神经初始点第一分量，AI2 表示人工神经初始点第二分量，AI3 表示人工神经初始点第三分量，AI4 表示人工神经初始点第四分量，WA1 表示人工神经网络阈值第一分量，WA2 表示人工神经网络阈值第二分量，WA3 表示人工神经网络阈值第三分量，WA4 表示人工神经网络阈值第四分量，CAI 表示人工神经网络补偿系数，PAI 表示 AINTV 协同优化的第二级精度，NAI 表示 AINTV 协同优化的第二级学习次数，WO 表示修订前的工作辊弯辊调节量，IO 表示修订前的中间辊弯辊调节量，WOM 表示修订后的工作辊弯辊调节量，IOM 表示修订后的中间辊弯辊调节量。

　　AINTV 模块参数初始值如表 3.1 所示。

表 3.1　AINTV 模块参数初始值

参数	初始值
TV1	0
TV2	0
PTV	1×10^{-9}

参数	初始值
NTV	0
AI1	0
AI2	0
AI3	0
AI4	0
WA1	7×10^6
WA2	7×10^6
WA3	7×10^6
WA4	7×10^6
CAI	300
PAI	1×10^{-9}
NAI	0

3.11.1　中间辊弯辊与工作辊弯辊的效果

中间辊弯辊与工作辊弯辊的效果对比图如图 3.3 所示。

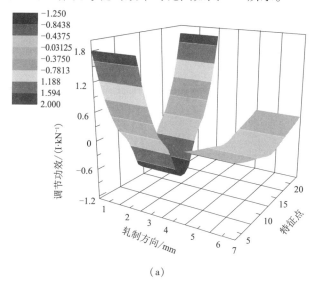

（a）

图 3.3　中间辊弯辊与工作辊弯辊效果对比图

　（a）调控功效对比图；（b）调节量为 0.027% 时控制效果对比图；（c）调节量为 0.031% 时控制效果对比图；（d）调节量为 0.039% 时控制效果对比图；（e）调节量为 0.047% 时控制效果对比图；（f）调节量为 0.053% 时控制效果对比图

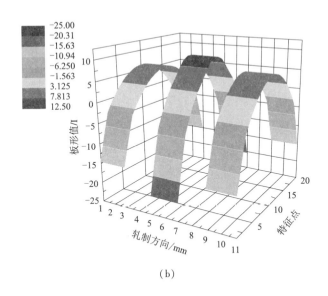

（b）

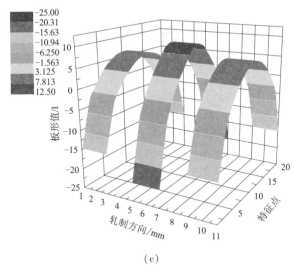

（c）

图3.3　中间辊弯辊与工作辊弯辊效果对比图（续）

（a）调控功效对比图；（b）调节量为0.027%时控制效果对比图；（c）调节量为0.031%时控制效果对比图；（d）调节量为0.039%时控制效果对比图；（e）调节量为0.047%时控制效果对比图；（f）调节量为0.053%时控制效果对比图

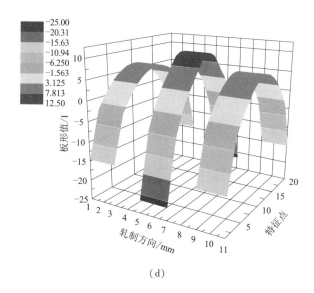

（d）

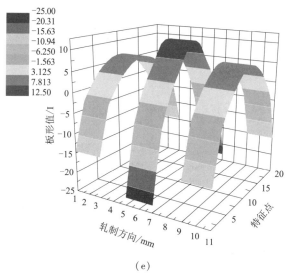

（e）

图 3.3　中间辊弯辊与工作辊弯辊效果对比图（续）

（a）调控功效对比图；（b）调节量为 0.027% 时控制效果对比图；（c）调节量为 0.031% 时控制效果对比图；（d）调节量为 0.039% 时控制效果对比图；（e）调节量为 0.047% 时控制效果对比图；（f）调节量为 0.053% 时控制效果对比图

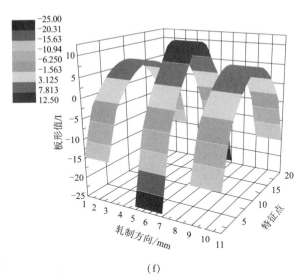

（f）

图 3.3　中间辊弯辊与工作辊弯辊效果对比图（续）

（a）调控功效对比图；（b）调节量为 0.027% 时控制效果对比图；（c）调节量为 0.031% 时控制效果对比图；（d）调节量为 0.039% 时控制效果对比图；（e）调节量为 0.047% 时控制效果对比图；（f）调节量为 0.053% 时控制效果对比图

由图 3.3 可以看出，带钢中间部分测量段的初始板形为 6.38I。当调节量为 0.027% 时，工作辊弯辊调节后的板形为 9.31I，中间辊弯辊调节后的板形为 6.82I。当调节量为 0.031 时，工作辊弯辊调节后的板形为 9.73I，中间辊弯辊调节后的板形为 6.88I。当调节量为 0.039% 时，工作辊弯辊调节后的板形为 10.59I，中间辊弯辊调节后的板形为 7.01I。当调节量为 0.047% 时，工作辊弯辊调节后的板形为 11.46I，中间辊弯辊调节后的板形为 7.14I。当调节量为 0.053% 时，工作辊弯辊调节后的板形为 21.11I，中间辊弯辊调节后的板形为 7.24I。随着正弯辊方向调节量的增加，带钢中间部分测量段的板形越来越松。由此可见，带钢中部测量段起浪时需要朝着负弯辊的方向调节。

同时，带钢边部测量段的初始板形为 −14.57I。当调节量为 0.027% 时，工作辊弯辊调节后的板形为 −19.43I，中间辊弯辊调节后的板形为 −15.05I。当调节量为 0.031% 时，工作辊弯辊调节后的板形为 −20.15I，中间辊弯辊调节后的板形为 −15.13I。当调节量为 0.039% 时，工作辊弯辊调节后的板形

为 -21.59I，中间辊弯辊调节后的板形为 -15.27I。当调节量为 0.047% 时，工作辊弯辊调节后的板形为 -23.03I，中间辊弯辊调节后的板形为 -15.41I。当调节量为 0.053% 时，工作辊弯辊调节后的板形为 -24.11I，中间辊弯辊调节后的板形为 -15.52I。随着正弯辊方向调节量的增加，带钢两侧边部测量段的板形越来越紧。由此可见，带钢边部测量段起浪时需要朝着正弯辊的方向调节。

工作辊弯辊对板形的作用效果比中间辊弯辊对板形的作用效果强，而且在正弯辊方向调节量逐渐增加的过程中，调节效果的强弱偏差也越来越大。由此可见，带钢板形对工作辊弯辊的敏感程度较强，带钢板形对中间辊弯辊的敏感程度较弱，所以工作辊弯辊与中间辊弯辊理想的调节方式为：工作辊弯辊用于保证板形的调节速度，中间辊弯辊用于保证板形的调节精度。

3.11.2　协同优化分配策略与常规方法的效果

将采用协同优化分配策略的控制效果与常规方法的控制效果进行对比分析。其中，第一组现场测试采用常规方法，第二组现场测试采用协同优化分配策略，将整个轧制过程按照轧制速度分成三个阶段。

第一组和第二组现场测试的带钢参数如表 3.2 所示。

表 3.2　第一组和第二组现场测试的带钢参数

测试组	控制方法	原料宽度/mm	原料厚度/mm	成品宽度/mm	成品厚度/mm
第一组	常规方法	880	3	865	0.46
第二组	优化分配策略	880	3	865	0.46

第一组和第二组现场测试的控制效果如图 3.4 所示。

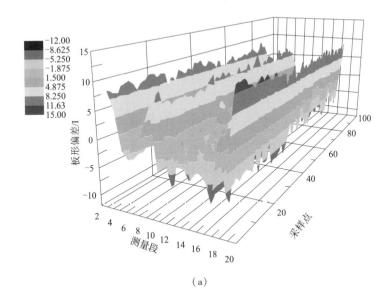

（a）

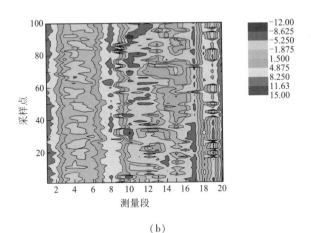

（b）

图 3.4　第一组和第二组现场测试控制效果

（a）第一组升速阶段控制效果图；（b）第一组升速阶段控制效果投影图；（c）第二组升速阶段控制效果图；（d）第二组升速阶段控制效果投影图；（e）第一组稳速阶段控制效果图；（f）第一组稳速阶段控制效果投影图；（g）第二组稳速阶段控制效果图；（h）第二组稳速阶段控制效果投影图；（i）第一组降速阶段控制效果图；（j）第一组降速阶段控制效果投影图；（k）第二组降速阶段控制效果图；（l）第二组降速阶段控制效果投影图

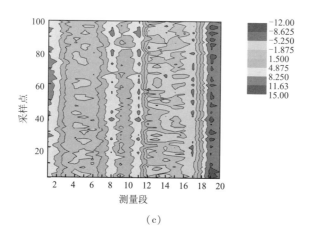

（c）

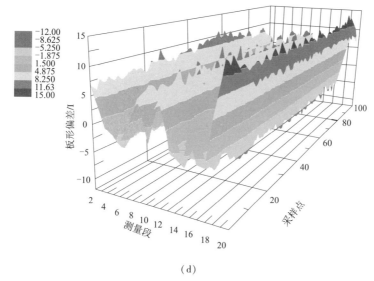

（d）

图 3.4　第一组和第二组现场测试控制效果（续）

（a）第一组升速阶段控制效果图；（b）第一组升速阶段控制效果投影图；（c）第二组升速阶段控制效果图；（d）第二组升速阶段控制效果投影图；（e）第一组稳速阶段控制效果图；（f）第一组稳速阶段控制效果投影图；（g）第二组稳速阶段控制效果图；（h）第二组稳速阶段控制效果投影图；（i）第一组降速阶段控制效果图；（j）第一组降速阶段控制效果投影图；（k）第二组降速阶段控制效果图；（l）第二组降速阶段控制效果投影图

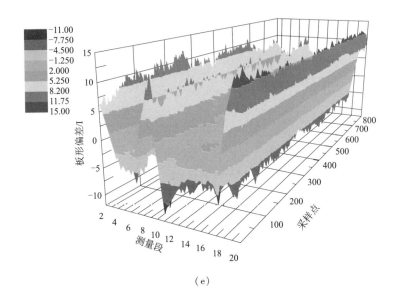

（e）

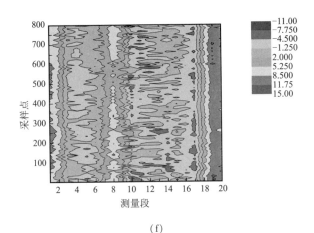

（f）

图 3.4　第一组和第二组现场测试控制效果（续）

（a）第一组升速阶段控制效果图；（b）第一组升速阶段控制效果投影图；（c）第二组升速阶段控制效果图；（d）第二组升速阶段控制效果投影图；（e）第一组稳速阶段控制效果图；（f）第一组稳速阶段控制效果投影图；（g）第二组稳速阶段控制效果图；（h）第二组稳速阶段控制效果投影图；（i）第一组降速阶段控制效果图；（j）第一组降速阶段控制效果投影图；（k）第二组降速阶段控制效果图；（l）第二组降速阶段控制效果投影图

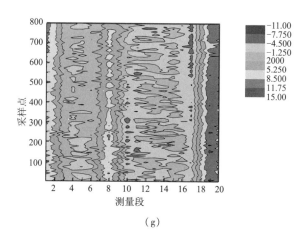

（g）

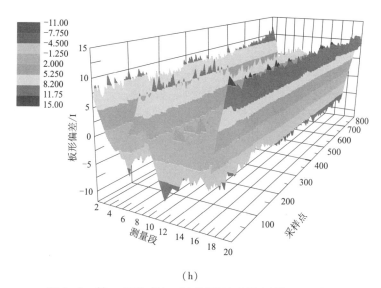

（h）

图 3.4　第一组和第二组现场测试控制效果（续）

（a）第一组升速阶段控制效果图；（b）第一组升速阶段控制效果投影图；（c）第二组升速阶段控制效果图；（d）第二组升速阶段控制效果投影图；（e）第一组稳速阶段控制效果图；（f）第一组稳速阶段控制效果投影图；（g）第二组稳速阶段控制效果图；（h）第二组稳速阶段控制效果投影图；（i）第一组降速阶段控制效果图；（j）第一组降速阶段控制效果投影图；（k）第二组降速阶段控制效果图；（l）第二组降速阶段控制效果投影图

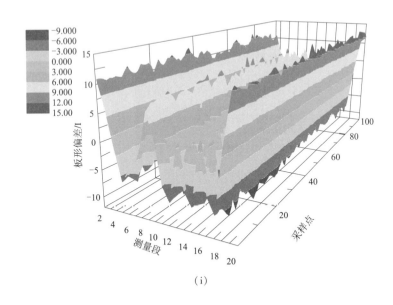

（i）

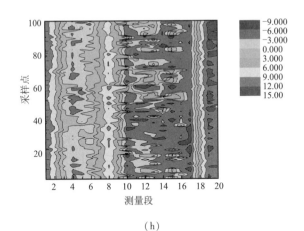

（h）

图3.4 第一组和第二组现场测试控制效果（续）

（a）第一组升速阶段控制效果图；（b）第一组升速阶段控制效果投影图；（c）第二组升速阶段控制效果图；（d）第二组升速阶段控制效果投影图；（e）第一组稳速阶段控制效果图；（f）第一组稳速阶段控制效果投影图；（g）第二组稳速阶段控制效果图；（h）第二组稳速阶段控制效果投影图；（i）第一组降速阶段控制效果图；（j）第一组降速阶段控制效果投影图；（k）第二组降速阶段控制效果图；（1）第二组降速阶段控制效果投影图

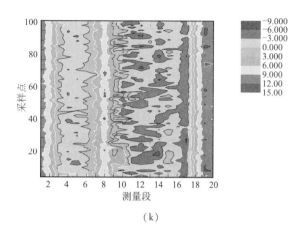

（k）

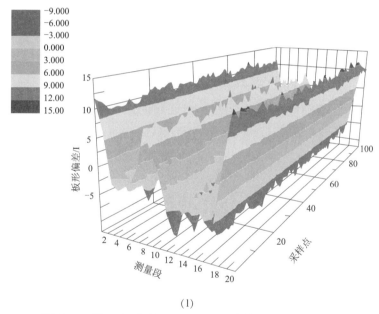

（l）

图 3.4　第一组和第二组现场测试控制效果（续）

（a）第一组升速阶段控制效果图；（b）第一组升速阶段控制效果投影图；（c）第二组升速阶段控制效果图；（d）第二组升速阶段控制效果投影图；（e）第一组稳速阶段控制效果图；（f）第一组稳速阶段控制效果投影图；（g）第二组稳速阶段控制效果图；（h）第二组稳速阶段控制效果投影图；（i）第一组降速阶段控制效果图；（j）第一组降速阶段控制效果投影图；（k）第二组降速阶段控制效果图；（l）第二组降速阶段控制效果投影图

由图 3.4 可知，在升速轧制过程中，第一组最外侧平均板形偏差比第二组最外侧平均板形偏差增加了 1.26I 和 1.88I，第一组次外侧平均板形偏差比第二组次外侧平均板形偏差增加了 0.29I 和 0.24I，说明升速阶段采用协同优化分配策略在一定程度上改善了边部板形状况，而且比常规方法边部板形控制精度高。第一组中间测量段平均板形偏差比第二组中间测量段平均板形偏差增加了 1.4I 和 0.83I，第一组次中间测量段平均板形偏差比第二组次中间测量段平均板形偏差增加了 1.98I 和 1.24I，说明升速阶段采用协同优化分配策略在一定程度上改善了中部板形状况，而且比常规方法中部板形控制精度高。

在稳速轧制过程中，第一组最外侧平均板形偏差比第二组最外侧平均板形偏差增加了 0.37I 和 0.27I，第一组次外侧平均板形偏差比第二组次外侧平均板形偏差增加了 0.27I 和 0.55I，说明稳速阶段采用协同优化分配策略在一定程度上改善了边部板形状况，而且比常规方法边部板形控制精度高。第一组中间测量段平均板形偏差比第二组中间测量段平均板形偏差增加了 0.34I 和 0.53I，第一组次中间测量段平均板形偏差比第二组次中间测量段平均板形偏差增加了 0.67I 和 0.23I，说明稳速阶段采用协同优化分配策略在一定程度上改善了中部板形状况，而且比常规方法中部板形控制精度高。

在降速轧制过程中，第一组最外侧平均板形偏差比第二组最外侧平均板形偏差增加了 0.36I 和 1.1I，第一组次外侧平均板形偏差比第二组次外侧平均板形偏差增加了 0.74I 和 0.75I，说明降速阶段采用协同优化分配策略在一定程度上改善了边部板形状况，而且比常规方法边部板形控制精度高。第一组中间测量段平均板形偏差比第二组中间测量段平均板形偏差增加了 1.55I 和 0.76I，第一组次中间测量段平均板形偏差比第二组次中间测量段平均板形偏差增加了 1.45I 和 0.22I，说明降速阶段采用协同优化分配策略在一定程度上改善了中部板形状况，而且比常规方法中部板形控制精度高。

第一组和第二组现场测试实验的中部板形矩阵和边部板形矩阵如表 3.3 所示。

表 3.3　第一组和第二组现场测试实验的中部板形矩阵和边部板形矩阵

现场测试实验组	控制效果投影图	中部板形矩阵/I	边部板形矩阵/I
第一组升速轧制阶段		$\begin{bmatrix} 4.55 & 3.64 \\ 4.79 & 3.96 \end{bmatrix}$	$\begin{bmatrix} 9.6 & 11.4 \\ 6.19 & 12.04 \end{bmatrix}$
第二组升速轧制阶段		$\begin{bmatrix} 3.15 & 2.81 \\ 2.81 & 2.72 \end{bmatrix}$	$\begin{bmatrix} 8.34 & 9.52 \\ 5.9 & 11.8 \end{bmatrix}$
第一组稳速轧制阶段		$\begin{bmatrix} 3.31 & 2.87 \\ 3 & 2.05 \end{bmatrix}$	$\begin{bmatrix} 8.51 & 9.34 \\ 5.41 & 10.92 \end{bmatrix}$
第二组稳速轧制阶段		$\begin{bmatrix} 2.97 & 2.34 \\ 2.33 & 1.82 \end{bmatrix}$	$\begin{bmatrix} 8.14 & 9.07 \\ 5.14 & 10.37 \end{bmatrix}$
第一组降速轧制阶段		$\begin{bmatrix} 4.68 & 3.38 \\ 3.93 & 3.51 \end{bmatrix}$	$\begin{bmatrix} 11.32 & 11.37 \\ 7.24 & 12.15 \end{bmatrix}$
第二组降速轧制阶段		$\begin{bmatrix} 3.13 & 2.62 \\ 2.48 & 3.29 \end{bmatrix}$	$\begin{bmatrix} 10.96 & 10.27 \\ 6.5 & 11.4 \end{bmatrix}$

第一组和第二组整个轧制过程的平均板形偏差分布如图3.5所示。

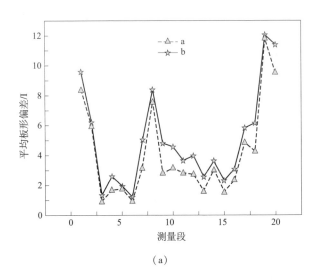

（a）

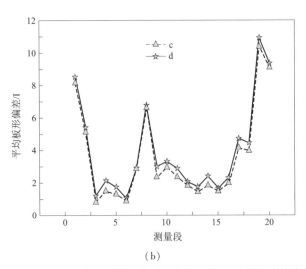

（b）

图 3.5　第一组和第二组整个轧制过程的平均板形偏差分布

（a）第一组和第二组升速阶段平均板形偏差分布；（b）第一组和第二组稳速阶段平均板形偏差分布；（c）第一组和第二组降速阶段平均板形偏差分布

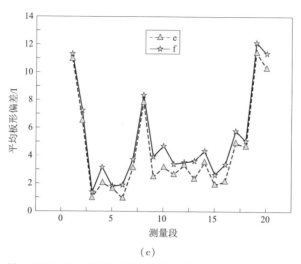

（c）

图 3.5　第一组和第二组整个轧制过程的平均板形偏差分布（续）

（a）第一组和第二组升速阶段平均板形偏差分布；（b）第一组和第二组稳速阶段平均板形偏差分布；（c）第一组和第二组降速阶段平均板形偏差分布

图 3.5 中，曲线 a 为第二组升速阶段各个测量段平均板形偏差的分布，曲线 b 为第一组升速阶段各个测量段平均板形偏差的分布，曲线 c 为第二组稳速阶段各个测量段平均板形偏差的分布，曲线 d 为第一组稳速阶段各个测量段平均板形偏差的分布，曲线 e 为第二组降速阶段各个测量段平均板形偏差的分布，曲线 f 为第一组降速阶段各个测量段平均板形偏差的分布。第二组升速阶段最大平均板形偏差为 11.79I，最小平均板形偏差为 0.91I；第一组升速阶段最大平均板形偏差为 12.04I，最小平均板形偏差为 1.19I。说明升速阶段常规方法的控制精度低于协同优化分配策略的控制精度。第二组稳速阶段最大平均板形偏差为 10.37I，最小平均板形偏差为 0.82I；第一组稳速阶段最大平均板形偏差为 10.92I，最小平均板形偏差为 1.06I。说明稳速阶段常规方法的控制精度低于协同优化分配策略的控制精度。第二组降速阶段最大平均板形偏差为 11.39I，最小平均板形偏差为 0.91I；第一组降速阶段最大平均板形偏差为 12.15I，最小平均板形偏差为 1.34I。说明降速阶段常规方法的控制精度低于协同优化分配策略的控制精度。

3.11.3 不同硬度带钢的控制效果对比

对比分析不同硬度的带钢采用协同优化分配策略和常规方法的控制效果。其中，第三组、第五组现场测试采用常规方法，第四组现场测试采用协同优化分配策略。

第三组、第四组和第五组现场测试的实验带钢参数如表3.4所示。

表3.4　第三组、第四组和第五组现场测试的实验带钢参数

现场测试组	钢种	原料宽度/mm	原料厚度/mm	成品宽度/mm	成品厚度/mm
第三组	DDQ	880	3	865	0.46
第四组	T5	880	3	865	0.46
第五组	T5	880	3	865	0.46

第三组、第四组和第五组现场测试实验的升速轧制阶段的控制效果如图3.6所示。

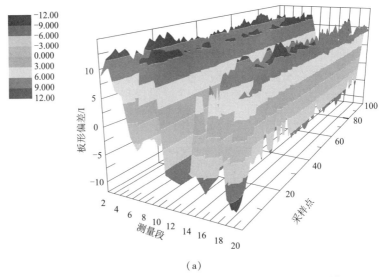

（a）

**图3.6　第三组、第四组和第五组现场测试实验的
升速轧制阶段的控制效果**

（a）第三组升速阶段控制效果图；（b）第四组升速阶段控制效果图；（c）第五组升速阶段控制效果图；（d）第三组升速控制效果投影图；（e）第四组升速控制效果投影图；（f）第五组升速控制效果投影图

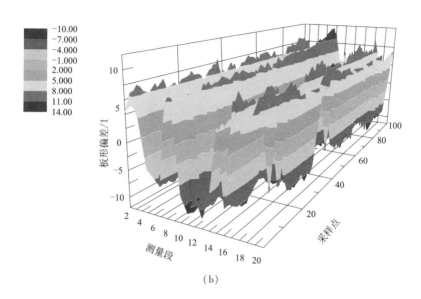

（b）

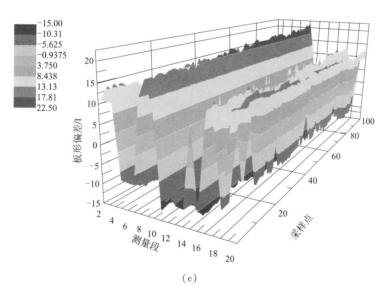

（c）

**图 3.6　第三组、第四组和第五组现场测试实验的
升速轧制阶段的控制效果（续）**

（a）第三组升速阶段控制效果图；（b）第四组升速阶段控制效果图；（c）第五组升速阶段控制效果图；（d）第三组升速控制效果投影图；（e）第四组升速控制效果投影图；（f）第六组升速控制效果投影图

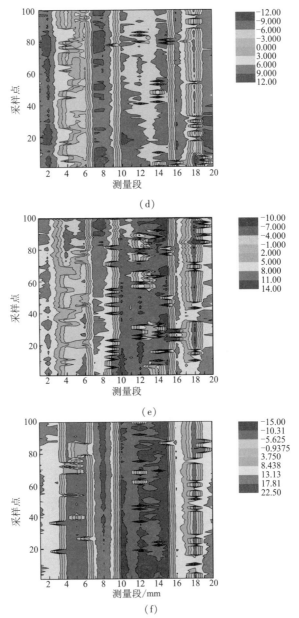

图3.6　第三组、第四组和第五组现场测试实验的
升速轧制阶段的控制效果（续）

（a）第三组升速阶段控制效果图；（b）第四组升速阶段控制效果图；（c）第五组升速阶段控制效果图；（d）第三组升速控制效果投影图；（e）第四组升速控制效果投影图；（f）第五组升速控制效果投影图

　　由图 3.6 可知，在升速轧制过程中，第三组最外侧平均板形偏差比第五组最外侧平均板形偏差减小了 6.24I 和 5.03I，第三组次外侧平均板形偏差比第五组次外侧平均板形偏差减小了 2.76I 和 4.08I，说明升速阶段带钢硬度的增加使边部控制精度降低了。第三组中间平均板形偏差比第五组中间平均板形偏差减小了 4.78I 和 3.61I，第三组次中间平均板形偏差比第五组次中间平均板形偏差减小了 5.61I 和 3.85I，说明升速阶段带钢硬度的增加使中部控制精度降低了。

　　在升速轧制过程中，第四组最外侧平均板形偏差比第五组最外侧平均板形偏差减小了 5.83I 和 4.94I，第四组次外侧平均板形偏差比第五组次外侧平均板形偏差减小了 1.84I 和 3.94I，说明升速阶段采用协同优化分配策略能够使硬度较大的带钢提高边部板形控制精度。第四组中间平均板形偏差比第五组中间平均板形偏差减小了 4.11I 和 2.26I，第四组次中间平均板形偏差比第五组次中间平均板形偏差减小了 6.08I 和 4.71I，说明升速阶段采用协同优化分配策略能够使硬度较大的带钢提高中部板形控制精度。

　　在升速轧制过程中，第三组与第四组最外侧平均板形偏差的变化量为 0.41I 和 0.09I，远远小于其他组间的最外侧平均板形偏差变化量；第三组与第四组次外侧平均板形偏差的变化量为 0.92I 和 0.14I，远远小于其他组间的次外侧平均板形偏差变化量，说明升速阶段采用协同优化分配策略能够在边部板形控制效果对带钢硬度进行补偿。第三组与第四组中部平均板形偏差的变化量为 0.67I 和 1.35I，远远小于其他组间的中部平均板形偏差变化量；第三组与第四组次中部平均板形偏差的变化量为 0.47I 和 0.86I，远远小于其他组间的次中部平均板形偏差的变化量，说明升速阶段采用协同优化分配策略能够在中部板形控制效果对带钢硬度进行补偿。

　　第三组、第四组和第五组升速轧制阶段的中部板形矩阵和边部板形矩阵如表 3.5 所示。

表3.5　第三组、第四组和第五组升速轧制阶段中部

板形矩阵和边部板形矩阵

现场测试 实验组	控制效果投影图	中部板形矩阵/I	边部板形矩阵/I
第三组升速轧 制阶段		$\begin{bmatrix} 6.44 & 4.43 \\ 5.91 & 6.87 \end{bmatrix}$	$\begin{bmatrix} 6.95 & 7.95 \\ 8.65 & 7.58 \end{bmatrix}$
第四组升速轧 制阶段		$\begin{bmatrix} 7.11 & 5.78 \\ 5.44 & 6.01 \end{bmatrix}$	$\begin{bmatrix} 7.36 & 8.04 \\ 9.57 & 7.72 \end{bmatrix}$
第五组升速轧 制阶段		$\begin{bmatrix} 11.22 & 8.04 \\ 11.52 & 10.72 \end{bmatrix}$	$\begin{bmatrix} 13.19 & 12.98 \\ 11.41 & 11.66 \end{bmatrix}$

第三组、第四组和第五组现场测试实验的稳速轧制阶段的控制效果如图3.7所示。

由图3.7可知,在稳速轧制过程中,第三组最外侧平均板形偏差比第五组最外侧平均板形偏差减小了4.25I和3.87I,第三组次外侧平均板形偏差比第五组次外侧平均板形偏差减小了3.59I和3.23I,说明稳速阶段带钢硬度的增加使边部控制精度降低了。第三组中间平均板形偏差比第五组中间平均板形偏差减小了4.8I和3.42I,第三组次中间平均板形偏差比第五组次中间平均板形偏差减小了5.6I和3.35I,说明稳速阶段带钢硬度的增加使中部控制精度降低了。

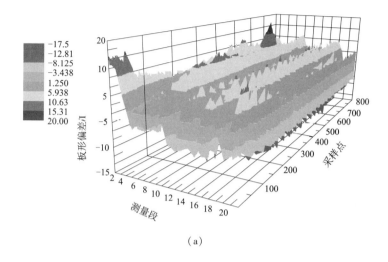

（a）

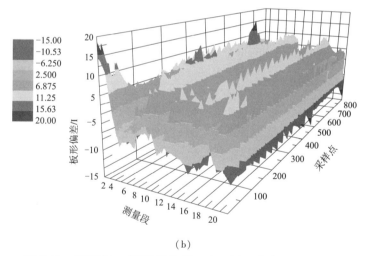

（b）

图 3.7　第三组、第四组和第五组现场测试实验的稳速
轧制阶段的控制效果

（a）第三组稳速阶段控制效果图；（b）第四组稳速阶段控制效果图；（c）第五组稳速阶段控制效果图；（d）第三组稳速阶段控制效果投影图；（e）第四组稳速阶段控制效果投影图；（f）第五组稳速阶段控制效果投影图

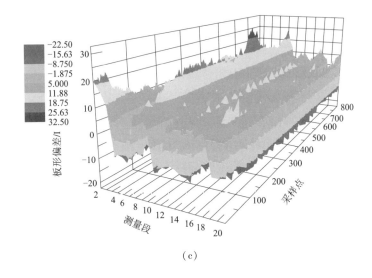

（c）

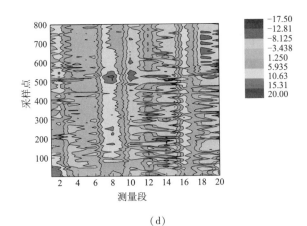

（d）

图 3.7 第三组、第四组和第五组现场测试实验的稳速
轧制阶段的控制效果（续）

（a）第三组稳速阶段控制效果图；（b）第四组稳速阶段控制效果图；（c）第五组稳速阶段控制效果图；（d）第三组稳速阶段控制效果投影图；（e）第四组稳速阶段控制效果投影图；（f）第五组稳速阶段控制效果投影图

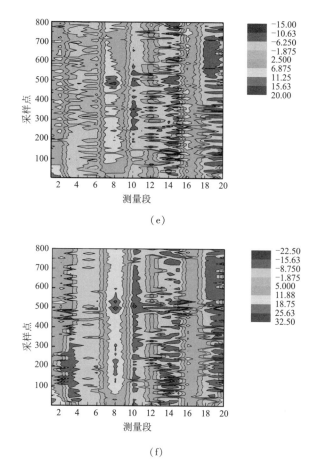

（e）

（f）

图 3.7　第三组、第四组和第五组现场测试实验的稳速

轧制阶段的控制效果（续）

（a）第三组稳速阶段控制效果图；（b）第四组稳速阶段控制效果图；（c）第五组稳速阶段控制效果图；（d）第三组稳速阶段控制效果投影图；（e）第四组稳速阶段控制效果投影图；（f）第五组稳速阶段控制效果投影图

由图 3.7 可知，在稳速轧制过程中，第四组最外侧平均板形偏差比第五组最外侧平均板形偏差减小了 3.92I 和 3.31I，第四组次外侧平均板形偏差比第五组次外侧平均板形偏差减小了 3.28I 和 3.76I，说明稳速阶段采用协同优化分配策略能够使硬度较大的带钢提高边部板形控制精度。第四组中间平均板形偏差比第五组中间平均板形偏差减小了 4.28I 和 2.87I，第四组次中间平均板形偏差比第五组次中间平均板形偏差减小了 5.93I 和 3.15I，说明稳速阶段采用协同优化分配策略能够使硬度较大的带钢提高中间板形控制精度。

在稳速轧制过程中，第三组与第四组最外侧平均板形偏差的变化量为0.33I 和 0.56I，远远小于其他组间的最外侧平均板形偏差变化量；第三组与第四组次外侧平均板形偏差的变化量为 0.31I 和 0.53I，远远小于其他组间的次外侧平均板形偏差变化量，说明稳速阶段采用协同优化分配策略能够在边部板形控制效果对带钢硬度进行补偿。第三组与第四组中部平均板形偏差的变化量为 0.52I 和 0.55I，远远小于其他组间的中部平均板形偏差变化量；第三组与第四组次中部平均板形偏差的变化量为 0.33I 和 0.2I，远远小于其他组间的次中部平均板形偏差变化量，说明稳速阶段采用协同优化分配策略能够在中部板形控制效果对带钢硬度进行补偿。

第三组、第四组和第五组现场测试实验的稳速轧制阶段的中部板形矩阵和边部板形矩阵如表 3.6 所示。

表 3.6　第三组、第四组和第五组现场测试实验的稳速轧制阶段的中部板形矩阵和边部板形矩阵

现场测试实验	控制效果投影图	中部板形矩阵/I	边部板形矩阵/I
第三组稳速轧制阶段		$\begin{bmatrix} 5.85 & 3.04 \\ 4.11 & 5.16 \end{bmatrix}$	$\begin{bmatrix} 5.18 & 5.96 \\ 6.86 & 6.46 \end{bmatrix}$
第四组稳速轧制阶段		$\begin{bmatrix} 6.37 & 3.59 \\ 3.78 & 5.36 \end{bmatrix}$	$\begin{bmatrix} 5.51 & 6.52 \\ 7.17 & 5.93 \end{bmatrix}$
第五组稳速轧制阶段		$\begin{bmatrix} 10.65 & 6.46 \\ 9.71 & 8.51 \end{bmatrix}$	$\begin{bmatrix} 9.43 & 9.83 \\ 10.45 & 9.69 \end{bmatrix}$

第三组、第四组和第五组现场测试实验的降速轧制阶段的控制效果如图 3.8 所示。

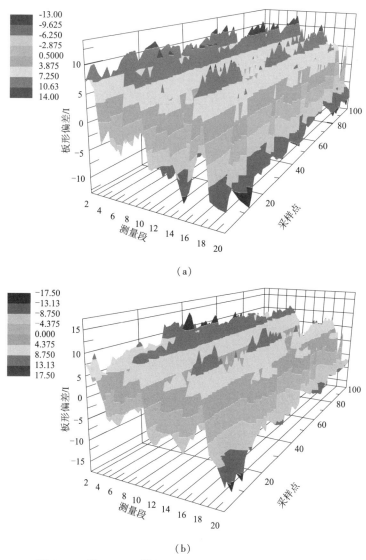

（a）

（b）

图 3.8　第三组、第四组和第五组现场测试实验的
降速轧制阶段的控制效果

（a）第三组降速阶段控制效果图；（b）第四组降速阶段控制效果图；（c）第五组降速阶段控制效果图；（d）第三组降速阶段控制效果投影图；（e）第四组降速阶段控制效果投影图；（f）第五组降速阶段控制效果投影图

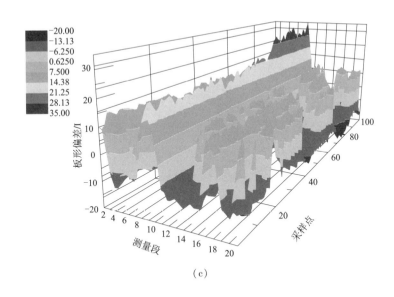

（c）

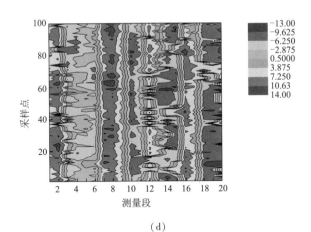

（d）

图 3.8　第三组、第四组和第五组现场测试实验的
降速轧制阶段的控制效果（续）

（a）第三组降速阶段控制效果图；（b）第四组降速阶段控制效果图；（c）第五组降速阶段控制效果图；（d）第三组降速阶段控制效果投影图；（e）第四组降速阶段控制效果投影图；（f）第五组降速阶段控制效果投影图

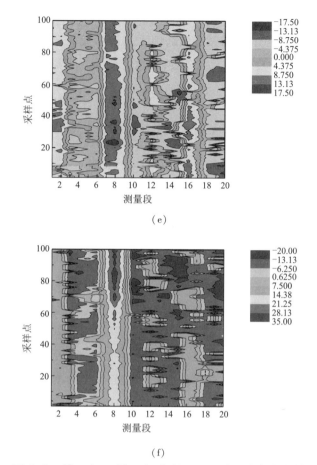

（e）

（f）

图 3.8　第三组、第四组和第五组现场测试实验的
降速轧制阶段的控制效果　（续）

（a）第三组降速阶段控制效果图；（b）第四组降速阶段控制效果图；（c）第五组降速阶段控制效果图；（d）第三组降速阶段控制效果投影图；（e）第四组降速阶段控制效果投影图；（f）第五组降速阶段控制效果投影图

由图 3.8 可知，在降速轧制过程中，第三组最外侧平均板形偏差比第五组最外侧平均板形偏差减小了 4.07I 和 5.03I，第三组次外侧平均板形偏差比第五组次外侧平均板形偏差减小了 4.29I 和 3.53I，说明降速阶段带钢硬度的增加使边部控制精度降低了。第三组中间平均板形偏差比第五组中间平均板形偏差减小了 3.95I 和 5.72I，第三组次中间平均板形偏差比第五组次中间平均板形偏差减小了 6.6I 和 4.41I，说明降速阶段带钢硬度的增加使中部控制精度降低了。

在降速轧制过程中，第四组最外侧平均板形偏差比第五组最外侧平均板形偏差减小了4.31I和4.71I，第四组次外侧平均板形偏差比第五组次外侧平均板形偏差减小了2.87I和3.5I，说明降速阶段采用协同优化分配策略能够使硬度较大的带钢提高边部板形控制精度。第四组中间平均板形偏差比第五组中间平均板形偏差减小了3.91I和5.65I，第四组次中间平均板形偏差比第五组次中间平均板形偏差减小了7.87I和3.75I，说明降速阶段采用协同优化分配策略能够使硬度较大的带钢提高中部板形控制精度。

由图3.8可知，在降速轧制过程中，第三组与第四组最外侧平均板形偏差的变化量为0.24I和0.32I，远远小于其他组间的最外侧平均板形偏差变化量；第三组与第四组次外侧平均板形偏差的变化量为1.42I和0.03I，远远小于其他组间的次外侧平均板形偏差变化量，说明降速阶段采用协同优化分配策略能够在边部板形控制效果对带钢硬度进行补偿。第三组与第四组中部平均板形偏差的变化量为0.04I和0.07I，远远小于其他组间的中部平均板形偏差变化量；第三组与第四组次中部平均板形偏差的变化量为1.27I和0.66I，远远小于其他组间的次中部平均板形偏差变化量，说明降速阶段采用协同优化分配策略能够在中部板形控制效果对带钢硬度进行补偿。

第三组、第四组和第五组现场测试实验的降速轧制阶段的中部板形矩阵和边部板形矩阵如表3.7所示。

表3.7 第三组、第四组和第五组现场测试实验的降速轧制阶段的中部板形矩阵和边部边形矩阵

现场测试实验	控制效果投影图	中部板形矩阵/I	边部板形矩阵/I
第三组降速轧制阶段		$\begin{bmatrix} 7.84 & 3.79 \\ 5.36 & 6.15 \end{bmatrix}$	$\begin{bmatrix} 6.92 & 7.56 \\ 7.52 & 7.61 \end{bmatrix}$

续表

现场测试实验	控制效果投影图	中部板形矩阵/I	边部板形矩阵/I
第四组降速轧制阶段		$\begin{bmatrix} 7.88 & 3.86 \\ 4.09 & 6.81 \end{bmatrix}$	$\begin{bmatrix} 6.68 & 7.88 \\ 8.94 & 7.64 \end{bmatrix}$
第五组降速轧制阶段		$\begin{bmatrix} 11.79 & 9.51 \\ 11.96 & 10.56 \end{bmatrix}$	$\begin{bmatrix} 10.99 & 12.59 \\ 11.81 & 11.14 \end{bmatrix}$

第三组、第四组和第五组现场测试实验整个轧制过程的平均板形偏差分布如图 3.9 所示。

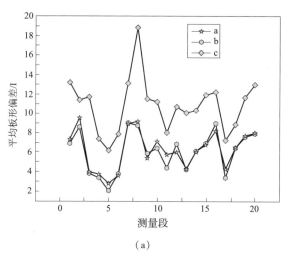

（a）

图 3.9　第三组、第四组和第五组现场测试实验整个轧制过程的平均板形偏差分布

（a）第三组、第四组和第五组升速阶段平均板形偏差分布；（b）第三组、第四组和第五组稳速阶段平均板形偏差分布；（c）第三组、第四组和第五组降速阶段平均板形偏差分布

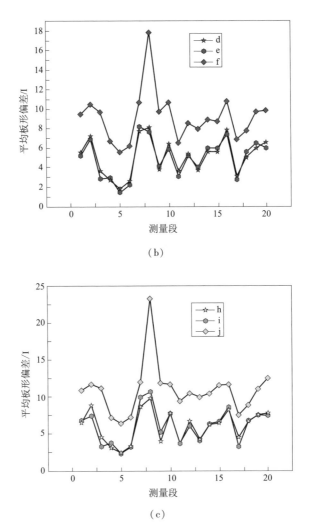

图 3.9　第三组、第四组和第五组现场测试实验整个轧制
过程的平均板形偏差分布（续）

（a）第三组、第四组和第五组升速阶段平均板形偏差分布；（b）第三组、第四组和第五组稳
速阶段平均板形偏差分布；（c）第三组、第四组和第五组降速阶段平均板形偏差分布

图 3.9 中，曲线 a 为第四组升速阶段各个测量段平均板形偏差的分布，曲线 b 为第三组升速阶段各个测量段平均板形偏差的分布，曲线 c 为第五组升速阶段各个测量段平均板形偏差的分布，曲线 d 为第四组稳速阶段各个测量段平均板形偏差的分布，曲线 e 为第三组稳速阶段各个测量段平均板形偏差的分布，曲线 f 为第五组稳速阶段各个测量段平均板形偏差的分布，曲线

g 为第四组降速阶段各个测量段平均板形偏差的分布，曲线 h 为第三组降速阶段各个测量段平均板形偏差的分布，曲线 i 为第五组降速阶段各个测量段平均板形偏差的分布。

第三组升速阶段最大平均板形偏差为 9.05I，最小平均板形偏差为 2.08I。第四组升速阶段最大平均板形偏差为 9.57I，最小平均板形偏差为 2.81I。第五组升速阶段最大平均板形偏差为 18.84I，最小平均板形偏差为 6.21I。对比第三组和第五组升速阶段的数据，说明在升速阶段采用常规方法对硬度较高的带钢板形控制能力较差。对比第四组和第五组升速阶段的数据，说明在升速阶段采用智能分配策略能够改善硬度较高的带钢板形质量。对比第三组和第四组升速阶段的数据，说明在升速阶段采用智能分配策略相当于对硬度较大的带钢进行软化处理，其中升速阶段最大硬度补偿效率为 49.08%，升速阶段最小硬度补偿效率为 14.76%。

第三组稳速阶段最大平均板形偏差为 8.12I，最小平均板形偏差为 1.39I。第四组稳速阶段最大平均板形偏差为 8.06I，最小平均板形偏差为 1.78I。第五组稳速阶段最大平均板形偏差为 17.81I，最小平均板形偏差为 5.55I。对比第三组和第五组稳速阶段的数据，说明在稳速阶段采用常规方法对硬度较高的带钢板形控制能力较差。对比第四组和第五组稳速阶段的数据，说明在稳速阶段采用智能分配策略能够改善硬度较高的带钢板形质量。对比第三组和第四组稳速阶段的数据，说明在稳速阶段采用智能分配策略相当于对硬度较大的带钢进行软化处理，其中稳速阶段最大硬度补偿效率为 48.87%，稳速阶段最小硬度补偿效率为 21.79%。

第三组降速阶段最大平均板形偏差为 10.81I，最小平均板形偏差为 2.43I。第四组降速阶段最大平均板形偏差为 9.89I，最小平均板形偏差为 2.55I。第五组降速阶段最大平均板形偏差为 23.32I，最小平均板形偏差为 6.51I。对比第三组和第五组降速阶段的数据，说明在降速阶段采用常规方法对硬度较高的带钢板形控制能力较差。对比第四组和第五组降速阶段的数据，说明在降速阶段采用智能分配策略能够改善硬度较高的带钢板形质量。对比第三组和第四组降速阶段的数据，说明在降速阶段采用智能分配策略相当于对硬度较大的带钢进行软化处理，其中降速阶段最大硬度补偿效率为 51.77%，降速阶段最小硬度补偿效率为 14.11%。

3.12　本章小结

（1）分析了工作辊弯辊与中间辊弯辊的调节效率。测试结果显示，工作辊弯辊对板形的作用效果比中间辊弯辊对板形的作用效果强。该分析结果为合理弯辊力分配策略的制定提供了理论依据。

（2）提出了基于神经网络和 TV 算法的弯辊力协同优化策略，消除了工作辊弯辊与中间辊弯辊的抵消效应，并减轻了轧辊的磨损程度。

（3）对比分析了弯辊力协同优化策略与常规方法作用下的板形控制效果。实验数据表明，采用协同优化策略的板形控制精度明显高于常规方法的板形控制精度。其中，稳速轧制阶段，协同优化策略作用下的最小平均板形偏差为 $0.82I$，而常规方法作用下的最小平均板形偏差为 $1.06I$，协同优化策略有效地保证了带钢的板形控制精度。

（4）对比分析了不同硬度的带钢采用弯辊力协同优化策略的板形控制效果。实验数据表明，采用协同优化策略能够有效地缓解带钢硬度增加对板形造成的不良影响。其中，升速阶段最大硬度补偿效率为 49.08%，稳速阶段最大硬度补偿效率为 48.87%，降速阶段最大硬度补偿效率为 51.77%，协同优化策略提高了板形控制系统对高硬度带钢的适应性。

第4章　板形控制执行机构调节策略的研究

板形控制系统配备了多种板形调节机构，这些板形调节机构具有多种调节组合方式。当某一类型的板形缺陷出现时，如果采用不合理的调节机构组合方式，则无法获得良好的板形控制效果[172~175]。实际上，调节机构组合后的整体板形调节能力与待消除板形缺陷的匹配程度对带钢板形控制精度影响巨大[176~179]。因此，本章以某 1 450mm 五机架冷轧机组为研究对象，提出一种板形调节执行机构的调节策略模型，并对该模型进行测试实验，同时分别讨论不同带钢宽度、不同轧制力、不同压下量情况下的板形控制效果，验证所提出数学模型的有效性和稳定性。

4.1　非对称弯辊控制方法

在冷轧机板形控制中，轧辊倾斜和弯辊是最常用和最主要的板形控制手段，可以满足高速轧制的需要，在现代化轧机上得到广泛的应用。

1. 非对称弯辊的实现方式

非对称弯辊包括工作辊非对称弯辊和中间辊非对称弯辊。工作辊非对称弯辊是在工作辊两端轴承座上施加不相等的弯辊力，工作辊产生的附加弯曲将是非对称的，导致承载辊缝的非对称分布，若此种非对称的辊缝分布形貌刚好抵消板形缺陷中的非对称浪形，则可以起到控制带钢板形的作用。

2. 非对称弯辊对板形的影响

非对称弯辊也采用了两种形式，分别是单侧弯辊和双侧非对称弯辊。工作辊单侧弯辊指在工作辊一侧轴承座上施加正/负弯辊力，另一侧不施加弯辊力，工作辊单侧弯辊对带钢中部板形调控能力较低，而且越靠近未施加弯辊力侧的地方，其板形调控效果越低。工作辊双侧非对称弯辊是指在工作辊的一侧轴承座上施加正弯辊力，另一侧施加大小相同的负弯辊力，具有较强的控制边浪能力。

3. 非对称弯辊对辊间压力分布的影响

中间辊非对称弯辊比工作辊非对称弯辊对改善辊间压力分布不均的情况效果要好。通过非对称弯辊可以减缓轧辊的不均匀磨损。尤其是对于中间辊非对称而言，虽然对出口带钢板形的影响很小，但对减缓轧辊磨损具有重要意义。

4. 非对称弯辊和轧辊倾斜的控制策略

在实际轧制生产中，为了更好地发挥工作辊非对称弯辊的板形调控效果，需要将其与轧辊倾斜控制进行协调使用。工作辊非对称弯辊处于常开状态，而轧辊倾斜控制则根据工作辊操作侧和传动侧的弯辊力差来决定是否打开。当工作辊传动侧与操作侧的压力差超过某一设定极限时，则打开轧辊倾斜控制，与工作辊非对称弯辊控制同时作用，增强轧机对大边浪的控制能力。

4.2 板形调节手段替代模型

对于一般的对称性板形缺陷，工作辊弯辊可以起到良好的板形控制效果，然而，当来料带钢或者在线轧制带钢出现较大的对称性板形缺陷时，就会出现对称性板形缺陷还没完全被消除，工作辊弯辊就达到了调节极限的状况。此时，如果其他板形调节机构还没有超限，并且可以控制带钢的对称性板形缺陷，则可以利用它们在其调节区间内进行调节来消除那些工作辊弯辊未能消除的对称性板形缺陷，这就是板形调节机构动态交替控制的研究思路。

1. 工作辊弯辊替代调节手段

中间辊弯辊和横移的板形调控功效系数曲线也呈对称性的抛物线分布，曲线上各点的斜率较小，相比工作辊弯辊控制而言，对带钢的对称性板形缺陷调控能力较弱。但是，由于中间辊弯辊和横移对带钢中部的对称性板形缺陷具有一定程度的调控能力，可以确定用于工作辊弯辊调节超限时的替代板形调节机构有中间辊弯辊和中间辊横移两个。

2. 工作辊弯辊替代控制流程

工作辊弯辊超限替代控制的过程：按照最优控制算法，根据实测板形偏差以及板形调控功效系数来计算轧辊倾斜、工作辊弯辊、中间辊弯辊和中间辊横移等板形调节机构的调节量。若计算后的工作辊弯辊实际值超过其极限值，则检查用于实现替代功能的中间辊弯辊/横移的实际值是否超过其极限值；若不超限，则使用替代模式进行控制，反之则使用正常控制模式。

4.3　中间辊横移速度调节方法

首先由预设定给出中间辊横移量的初值，进入稳定轧制时，再由闭环板形控制系统根据板形偏差实时调节中间辊横移量。为了减少中间辊在线横移对轧辊的损害性磨损，通过理论计算以及实验确定了横移阻力大小。根据轧制压力、横移阻力和移辊速比之间的关系，设定了横移速度。

1. 中间辊初始位置

中间辊的初始位置设定主要考虑来料带钢宽度和钢种。设定模型为

$$S_{ir} = (L-B)/2 - \Delta - \delta \tag{4.1}$$

式中，S_{ir}——中间辊横移量，以横移液压缸零点标定位置为原点，mm；

L——中间辊辊面长度，mm；

B——带钢宽度，mm；

Δ——带钢边部距中间辊端部的距离，mm；

δ——中间辊倒角宽度，rad。

2. 中间辊横移阻力

通过数值积分求解即可求出两接触圆柱体在匀速转动中产生轴向移动时的移动力 F 为

$$F = \int_0^L \int_0^{x_1} f \cdot p_y(x) \cdot \left\{ 1 - \left[1 - \frac{v_F}{v_R} \cdot \frac{x}{[\delta]} \right]^{(2\mu+1)/2} \right\} dx dy + \int_0^L \int_{x_1}^{2b} f \cdot p_y(x) dx dy \tag{4.2}$$

式中，F——摩擦力，N；

f——摩擦系数；

$p_y(x)$——接触压力轴向分布；

v_R——转动线速度；

v_F——移动速度；

μ——表面状态系数。

3. 中间辊横移速度

横移阻力与轧制力基本呈线性关系，随着速比的增大，两者线性关系的斜率也逐渐增大。速比较小时，横移阻力与速比近似呈线性关系。当移辊速比较小时，横移阻力与速比近似呈线性关系，而横移阻力又与轧制压力近似呈线性关系，因此可以在相应线性区间内将速比 v_F/v_R 作为轧制力的线性函数来设定中间辊横移速度。

4.4 板形执行器控制策略

为了使各调节执行机构组合后的整体调节能力与待消除的板形缺陷匹配，本书提出了一种新的板形调节执行机构的调节策略模型，可以判断实际板形缺陷的对称性，并且能够根据实际板形的状况动态控制消除板形偏差的快慢。当板形偏差较大时，以保证消除板形偏差速度为主，以保证消除板形偏差的精度为辅；当板形偏差较小时，以保证消除板形偏差的精度为主，以保证消除板形偏差速度为辅。另外，能根据实际板形的对称性来自动安排板形执行机构的调节顺序；当出现对称板形缺陷时，令具有对称调节能力的执行机构优先级较高；当出现非对称板形缺陷时，令具有非对称调节能力的执行机构优先级较高。

4.4.1 执行器策略库评价函数

在板形控制系统中，多种不同性质的调节机构同时参与板形调节过程。为了充分发挥其作用，需要研究调节机构的特点并且制定合理的调节策略：

$$\begin{cases} J = \sum_{i=1}^{n_1} \left[g_i((\text{mes}_i - \text{ref}_i) - f_i) \right]^2 \\ f_i = \Delta u_{WB} \cdot \text{Eff}_{WB}(i) + \Delta u_{IB} \cdot \text{Eff}_{IB}(i) + \Delta u_{IS} \cdot \text{Eff}_{IS}(i) + \Delta u_{WT} \cdot \text{Eff}_{WT}(i) \end{cases}$$

$$(4.3)$$

式中，J——板形执行器策略库评价函数；

Δu_{WB}——工作辊弯辊的调节量，kN；

Eff_{WB}——工作辊弯辊的调节效率因子，I/kN；

Δu_{IB}——中间辊弯辊的调节量，kN；

Eff_{IB}——中间辊弯辊的调节效率因子，I/kN；

Δu_{IS}——中间辊横移的调节量，mm；

Eff_{IS}——中间辊横移的调节效率因子，I/mm；

Δu_{WT}——工作辊倾斜的调节量，kN；

Eff_{WT}——工作辊倾斜的调节效率因子，I/kN；

f_i——板形调节机构消除的板形偏差，I；

mes_i——板形测量值，I；

ref_i——板形设定值，I。

为了得到下一个周期的调节机构实际值，需要对其进行修订：

$$\begin{cases} ll_{WB} \leqslant v_{WB}(n_2+1) = v_{WB}(n_2-1) + \Delta u_{WB}(n_2) \leqslant ul_{WB} \\ ll_{IB} \leqslant v_{IB}(n_2+1) = v_{IB}(n_2-1) + \Delta u_{IB}(n_2) \leqslant ul_{IB} \\ ll_{IS} \leqslant v_{IS}(n_2+1) = v_{IS}(n_2-1) + \Delta u_{IS}(n_2) \leqslant ul_{IS} \\ ll_{WT} \leqslant v_{WT}(n_2+1) = v_{WT}(n_2-1) + \Delta u_{WT}(n_2) \leqslant ul_{WT} \end{cases} \tag{4.4}$$

式中，$\Delta u_{WB}(n_2)$——第 n_2 个周期工作辊弯辊调节量，kN；

$v_{WB}(n_2-1)$——第 n_2-1 个周期工作辊弯辊实际值，kN；

$v_{WB}(n_2+1)$——第 n_2+1 个周期工作辊弯辊实际值，kN；

$\Delta u_{IB}(n_2)$——第 n_2 个周期中间辊弯辊调节量，kN；

$v_{IB}(n_2-1)$——第 n_2-1 个周期中间辊弯辊实际值，kN；

$v_{IB}(n_2+1)$——第 n_2+1 个周期中间辊弯辊实际值，kN；

$\Delta u_{IS}(n_2)$——第 n_2 个周期中间辊横移调节量，mm；

$v_{IS}(n_2-1)$——第 n_2-1 个周期中间辊横移实际值，mm；

$v_{IS}(n_2+1)$——第 n_2+1 个周期中间辊横移实际值，mm；

$\Delta u_{WT}(n_2)$——第 n_2 个周期工作辊倾斜调节量，kN；

$v_{WT}(n_2-1)$——第 n_2-1 个周期工作辊倾斜实际值，kN；

$v_{WT}(n_2+1)$——第 n_2+1 个周期工作辊倾斜实际值，kN；

ul_{WB}——工作辊弯辊上极限，kN；

ll_{WB}——工作辊弯辊下极限，kN；

ul_{IB}——中间辊弯辊上极限，kN；

ll_{IB}——中间辊弯辊下极限，kN；

ul_{IS}——中间辊横移上极限，mm；

ll_{IS}——中间辊横移下极限，mm；

ul_{WT}——工作辊倾斜上极限，kN；

ll_{WT}——工作辊倾斜下极限，kN。

4.4.2 执行器调节效率

在主流的板形控制系统中，配备的板形调节执行机构包括工作辊弯辊、中间辊弯辊、中间辊横移、工作辊倾斜。为了设计合理的板形调节策略，需要对板形调节执行机构调节效率的特点进行分析，然后根据调节机构的调节效率制定调节策略。各个板形调节执行机构的调节效率如图4.1所示。

从图4.1可知，具有对称调节能力的执行机构为工作辊弯辊、中间辊弯辊和中间辊横移，具有非对称调节能力的执行机构为工作辊倾斜，具有高敏感度的执行机构为工作辊弯辊、工作辊倾斜、中间辊横移，具有低敏感度的执行机构为中间辊弯辊。

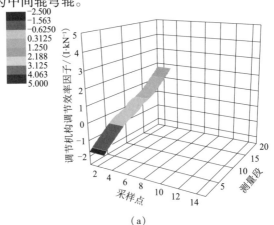

（a）

图4.1 调节机构调节效率系数

（a）工作辊倾斜功效系数；（b）工作辊弯辊功效系数；（c）中间辊弯辊功效系数；（d）中间辊横移功效系数

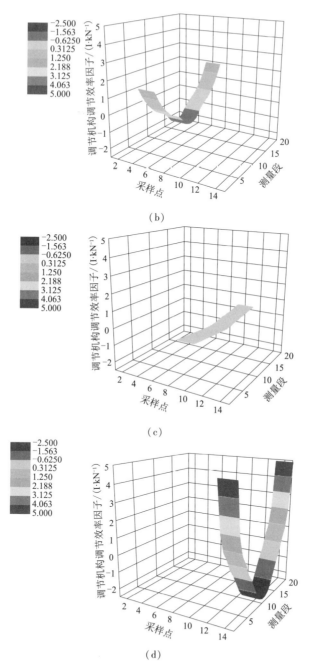

图 4.1　调节机构调节效率系数（续）

（a）工作辊倾斜功效系数；（b）工作辊弯辊功效系数；（c）中间辊弯辊功效系数；（d）中间辊横移功效系数

4.4.3 执行器调节策略

在轧制过程中，带钢的板形状况是错综变化的[180~183]。对于不同的板形状况，如果采用固定的调节方式来控制，则无法充分发挥各个调节机构的作用[184~186]。因此，理想的策略为：首先在板形控制系统的学习库中制定相应的调节策略，使各板形调节执行机构组合后的整体调节能力与待消除的板形缺陷匹配；然后板形控制系统能够实时分析实际的板形状况；最后经过深度学习后智能选择相应的调节策略。

4.4.3.1 板形状况实时分析模型

引入一组系数定量地表示实际板形的局部形态，即

$$
T = \begin{cases}
\left(\dfrac{j}{m_3-1}-0.5\right)X\_1 + \left(\left(\dfrac{2j}{m_3-1}-1\right)^2 - \dfrac{m_3+1}{3(m_3-1)}\right)X\_2 + \left(1-\dfrac{3}{m_3}\right)X\_3 \\
\qquad\qquad\qquad j=0 \text{ 或 } j=m_3-1 \\[4pt]
\left(\dfrac{j}{m_3-1}-0.5\right)X\_1 + \left(\left(\dfrac{2j}{m_3-1}-1\right)^2 - \dfrac{m_3+1}{3(m_3-1)}\right)X\_2 + \left(0.5-\dfrac{3}{m_3}\right)X\_3 \\
\qquad\qquad\qquad j=1 \text{ 或 } j=m_3-2
\end{cases}
$$

$$
T \begin{cases}
\left(\dfrac{j}{m_3-1}-0.5\right)X\_1 + \left(\left(\dfrac{2j}{m_3-1}-1\right)^2 - \dfrac{m_3+1}{3(m_3-1)}\right)X\_2 + \\
\left(-\dfrac{3}{m_3}\right)X\_3 \\
2 \leqslant j \leqslant m_3-3
\end{cases} \qquad (4.5)
$$

式中，X_1——目标板形曲线一次系数；

$\qquad X\_2$——目标板形曲线二次系数；

$\qquad X\_3$——目标板形曲线边部系数；

$\qquad m_3$——带钢占用的测量段的个数；

$\qquad T$——目标板形值。

分别将三个实际板形的局部形态判别因子构成的曲线与实际板形做均方差，而且在约束范围内使该均方差最小。也就是说，三个实际板形的局部形态判别因子构成的曲线与实际板形是等价的。构造判别因子求解表达

式如下：

$$\min \sum_{j=0}^{m_3-1} (M(j) - T(j, X\_1\_e, X\_2\_e, X\_3\_e))^2$$

$$\text{s. t.} \begin{cases} ll_1 \leqslant X\_1\_e \leqslant ul_1 \\ ll_2 \leqslant X\_2\_e \leqslant ul_2 \\ ll_3 \leqslant X\_3\_e \leqslant ul_3 \end{cases} \tag{4.6}$$

式中，$M(j)$——j 测量段的实际板形；

$\quad X\_1\_e$——单边浪判别因子；

$\quad X\_2\_e$——对称判别因子；

$\quad X\_3\_e$——边部判别因子；

$\quad ul_1$——单边浪判别因子的上限；

$\quad ll_1$——单边浪判别因子的下限；

$\quad ul_2$——对称判别因子的上限；

$\quad ll_2$——对称判别因子的下限；

$\quad ul_3$——边部判别因子的上限；

$\quad ll_3$——边部判别因子的下限。

4.4.3.2　板形调节策略库模型

智能板形控制系统不仅能够实时分析实际板形的局部状况，而且能够动态地选择合理的控制策略，使各板形调节执行机构组合后的整体调节能力与待消除的板形缺陷匹配。

当 X_1_e 单边浪判别因子大于一次合理范围的上界时，实际板形的局部状况为传动侧有单边浪。当 X_1_e 单边浪判别因子小于一次合理范围的下界时，实际板形的局部状况为操作侧有单边浪。当 X_1_e 单边浪判别因子在一次合理范围内时，实际板形的局部状况为操作侧板形与传动侧板形对称。如果实际板形状况为非对称状态，则令板形调节执行机构组合方式为轧辊倾斜调节相对多一些。如果实际板形状况为对称状态，则令板形调节执行机构组合方式为轧辊倾斜调节相对少一些。

假设 $ul_{\text{line-advisable-scope}}$ 为一次合理范围上界，$ll_{\text{line-advisable-scope}}$ 为一次合理范围

下界。当 $X\_1\_e > ul_{\text{line-advisable-scope}}$ 时或者当 $X\_1\_e < ll_{\text{line-advisable-scope}}$ 时，板形调节学习库中的调节执行机构组合方式为

$$
\begin{cases}
\Delta u_{WT} > \Delta u_{WB} \\
\Delta u_{WT} > \Delta u_{IB} \\
\Delta u_{WT} > \Delta u_{IS}
\end{cases}
\tag{4.7}
$$

当 $ll_{\text{line-advisable-scope}} < X\_1\_e < ul_{\text{line-advisable-scope}}$ 时，板形调节学习库中的调节执行机构组合方式为

$$
\begin{cases}
\Delta u_{WT} < \Delta u_{WB} \\
\Delta u_{WT} < \Delta u_{IB} \\
\Delta u_{WT} < \Delta u_{IS}
\end{cases}
\tag{4.8}
$$

当 X_2_e 对称判别因子大于二次合理范围上界时，实际板形的局部状况为带钢板形出现严重的中浪。当 X_2_e 对称判别因子小于二次合理范围下界时，实际板形的局部状况为带钢板形出现严重的双边浪。当 X_2_e 对称判别因子在二次合理范围内时，实际板形的状况为带钢出现轻微的中浪或双边浪。如果带钢出现严重的板形缺陷，优先考虑消除板形缺陷的速度，则令板形调节执行机构组合方式为工作辊弯辊调节相对多一些，中间辊弯辊调节相对少一些。如果带钢出现轻微的板形缺陷，优先考虑消除板形缺陷的精度，则令板形调节执行机构组合方式为工作辊弯辊调节相对少一些，中间辊弯辊调节相对多一些。

假设 $ul_{\text{quadratic-advisable-scope}}$ 为二次合理范围上界，$ll_{\text{quadratic-advisable-scope}}$ 为二次合理范围下界。当 $X\_2\_e > ul_{\text{quadratic-advisable-scope}}$ 或者 $X\_2\_e < ll_{\text{quadratic-advisable-scope}}$ 时，板形调节学习库中的调节执行机构组合方式为

$$
\Delta u_{WB} > \Delta u_{IB}
\tag{4.9}
$$

当 $ll_{\text{quadratic-advisable-scope}} < X\_2\_e < ul_{\text{quadratic-advisable-scope}}$ 时，板形调节学习库中的调节执行机构组合方式为

$$
\Delta u_{WB} < \Delta u_{IB}
\tag{4.10}
$$

当 X_3_e 边部判别因子大于边部合理范围上界时，实际板形的局部状况为带钢出现严重的边部减薄。当 X_3_e 边部判别因子小于边部合理范围下界时，实际板形的局部状况为带钢两端最外侧板形比较紧。当 X_3_e 边

部判别因子在边部合理范围内时，实际板形的局部状况为带钢出现轻微的边部减薄。如果带钢出现严重的边部减薄，则令板形调节执行机构组合方式为中间辊横移调节相对多一些。如果带钢出现轻微的边部减薄，则令板形调节执行机构组合方式为中间辊横移调节相对少一些。

假设 $ul_{\text{edge-advisable-scope}}$ 为边部合理范围上界，$ll_{\text{edge-advisable-scope}}$ 为边部合理范围下界。当 $X\_3\_e > ul_{\text{edge-advisable-scope}}$ 或者 $X\_3\_e < ll_{\text{edge-advisable-scope}}$ 时，板形调节学习库中的调节执行机构组合方式为

$$\begin{cases} \Delta u_{IS} > \Delta u_{WB} \\ \Delta u_{IS} > \Delta u_{IB} \end{cases} \tag{4.11}$$

当 $ll_{\text{edge-advisable-scope}} < X\_3\_e < ul_{\text{edge-advisable-scope}}$ 时，板形调节学习库中的调节执行机构组合方式为

$$\begin{cases} \Delta u_{IS} < \Delta u_{WB} \\ \Delta u_{IS} < \Delta u_{IB} \end{cases} \tag{4.12}$$

学习库中调节执行机构组合方式的制定能够使板形控制系统根据实际板形状况智能地选择最优的调节策略。

4.4.4　执行器调节策略控制算法

神经网络能量函数的极小点对应于系统的稳定平衡点。随着时间的演化，网络的运动轨道在空间中总是朝着能量函数减小的方向运动，最终到达系统的平衡点。计算在系统的流动过程中悄悄地完成了。因此，在判别因子的寻优过程中引入人工神经网络。首先，它能自主学习和存储大量映射关系，依靠自身的学习训练，模拟数据的发展趋势。其次，它能总结以往的学习经验，将训练得到的映射关系存储在权值矩阵中。最后，它拥有良好的容错能力，不受个别样本的误差影响。

遗传算法是一类可以用于复杂系统优化计算的鲁棒搜索算法。通过模拟生物在自然环境中的遗传和进化过程，进行具有自适应全局优化功能的概率搜索。因此，在板形调节执行机构的寻优过程中，引入遗传算法。一是它以决策变量的编码作为运算对象，可以模仿自然界中生物的遗传和进化；二是它避开了函数求导这个障碍；三是它同时使用多个搜索点的搜索信息。

4.4.4.1 板形判别因子的确定

将板形判别因子模型转换成如下形式：

$$\begin{cases} \min \quad f(\boldsymbol{x}) = \boldsymbol{c}^{\mathrm{T}}\boldsymbol{x} + \dfrac{1}{2}\boldsymbol{x}^{\mathrm{T}}\boldsymbol{G}\boldsymbol{x} \\[2mm] \text{s. t.} \begin{cases} \boldsymbol{A}\boldsymbol{x} = \boldsymbol{B} \\ \boldsymbol{x} \in \mathbf{R}^n \\ \boldsymbol{c} \in \mathbf{R}^n \\ \boldsymbol{B} \in \mathbf{R}^m \\ \boldsymbol{A} \in \mathbf{R}^{m \times n} \\ \boldsymbol{G} \in \mathbf{R}^{n \times n} \end{cases} \end{cases} \qquad (4.13)$$

式中，f——板形判别因子目标函数；

$\boldsymbol{G}$——板形判别因子特征矩阵；

$\boldsymbol{x}$——板形判别因子向量；

$\boldsymbol{A}$——板形判别因子约束矩阵；

$\boldsymbol{B}$——板形判别因子约束向量；

$\boldsymbol{c}$——板形判别因子评价函数一次系数向量。

引入扩展拉格朗日因子：

$$\begin{aligned} E(\boldsymbol{x}) &:= L(\boldsymbol{x},\boldsymbol{\lambda},K) \\ &= \boldsymbol{c}^{\mathrm{T}}\boldsymbol{x} + \frac{1}{2}\boldsymbol{x}^{\mathrm{T}}\boldsymbol{G}\boldsymbol{x} + \boldsymbol{\lambda}^{\mathrm{T}}(\boldsymbol{A}\boldsymbol{x} - \boldsymbol{B}) + \frac{K}{2}(\boldsymbol{A}\boldsymbol{x} - \boldsymbol{B})^{\mathrm{T}}(\boldsymbol{A}\boldsymbol{x} - \boldsymbol{B}) \end{aligned} \quad (4.14)$$

式中，E——板形判别因子能量函数；

L——板形判别因子扩展拉格朗日多项式；

K——板形判别因子补偿系数；

$\boldsymbol{\lambda}$——板形判别因子拉格朗日系数。

由此，可以得到拉格朗日梯度 $\partial L(\boldsymbol{x},\boldsymbol{\lambda},K)/\partial \boldsymbol{x} = \boldsymbol{x} + \boldsymbol{G}\boldsymbol{x} + \boldsymbol{A}^{\mathrm{T}}\boldsymbol{\lambda} + K\boldsymbol{A}^{\mathrm{T}}(\boldsymbol{A}\boldsymbol{x} - \boldsymbol{B})$。同理，可以得到拉格朗日二阶导数 $\partial^2 L(\boldsymbol{x},\boldsymbol{\lambda},K)/\partial \boldsymbol{x}^2$：$\partial^2 L(\boldsymbol{x},\boldsymbol{\lambda},K)/\partial \boldsymbol{x}^2 = \boldsymbol{G} + K\boldsymbol{A}^{\mathrm{T}}\boldsymbol{A}$。根据对偶定理，将判别因子问题转化为拉格朗日算子对 $\boldsymbol{x}$ 求最小并且对 $\boldsymbol{\lambda}$ 求最大。于是，可以得到下列一组微分方程：

$$\begin{cases} \dfrac{\mathrm{d}\boldsymbol{x}}{\mathrm{d}t} = -\mu\,\dfrac{\partial L(\boldsymbol{x},\boldsymbol{\lambda},K)}{\partial \boldsymbol{x}} \\[3mm] \dfrac{\mathrm{d}\boldsymbol{\lambda}}{\mathrm{d}t} = \rho\,\dfrac{\partial L(\boldsymbol{x},\boldsymbol{\lambda},K)}{\partial \boldsymbol{\lambda}} \end{cases} \tag{4.15}$$

式中，μ——拉格朗日最小化寻优系数；

ρ——拉格朗日最大化寻优系数。

将微分方程展开，可得

$$\begin{cases} \dfrac{\partial L(\boldsymbol{x},\boldsymbol{\lambda},K)}{\partial \boldsymbol{x}} = \boldsymbol{c} + \boldsymbol{Gx} + \boldsymbol{A}^{\mathrm{T}}\boldsymbol{\lambda} + K\boldsymbol{A}^{\mathrm{T}}(\boldsymbol{Ax} - \boldsymbol{B}) \\[3mm] \dfrac{\partial L(\boldsymbol{x},\boldsymbol{\lambda},K)}{\partial \boldsymbol{\lambda}} = \boldsymbol{Ax} - \boldsymbol{B} \end{cases} \tag{4.16}$$

转化为标量形式，可得

$$\begin{cases} \dfrac{\mathrm{d}x_j}{\mathrm{d}t} = -\mu\left[c_j + \sum_{j=1}^{n} g_{ji}x_j + \sum_{i=1}^{m} \left(\lambda_i + Kr_i(x) \right)a_{ij} \right] \\[3mm] \dfrac{\mathrm{d}\lambda}{\mathrm{d}t} = \rho r_i(x) \\[2mm] j = 1,2,\cdots,n \\[2mm] i = 1,2,\cdots,m \end{cases} \tag{4.17}$$

式中，c_j　——板形判别因子评价函数一次系数向量的分量；

g_{ji}——板形判别因子特征矩阵的元素；

λ_i——板形判别因子拉格朗日系数向量的分量；

$r_i(x)$——板形判别因子约束条件的等式形式；

a_{ij}——板形判别因子约束矩阵的元素。

如果（$\boldsymbol{x}^{*}$，$\boldsymbol{\lambda}^{*}$）为最优点，则满足下列方程组：

$$\begin{cases} \boldsymbol{Ax}^{*} - \boldsymbol{B} = 0 \\[2mm] \boldsymbol{c} + \boldsymbol{Gx}^{*} + \boldsymbol{A}^{\mathrm{T}}\boldsymbol{\lambda}^{*} = 0 \end{cases} \tag{4.18}$$

式中，$\boldsymbol{x}^{*}$——板形判别因子最优点；

$\boldsymbol{\lambda}^{*}$——板形判别因子拉格朗日系数最优点。

综上所述，可得神经网络的迭代方程为

$$\begin{cases} \boldsymbol{x}(t+1) = \boldsymbol{x}(t) - \mu\,\dfrac{\partial L(\boldsymbol{x},\boldsymbol{\lambda},K)}{\partial \boldsymbol{x}} \\[3mm] \boldsymbol{\lambda}(t+1) = \boldsymbol{\lambda}(t) + \rho\,\dfrac{\partial L(\boldsymbol{x},\boldsymbol{\lambda},K)}{\partial \boldsymbol{\lambda}} \end{cases} \tag{4.19}$$

式中，$x(t)$——t 时刻的判别因子迭代点；

$x(t+1)$——$t+1$ 时刻的判别因子迭代点；

$\lambda(t)$——t 时刻拉格朗日系数迭代点；

$\lambda(t+1)$——$t+1$ 时刻拉格朗日系数迭代点。

4.4.4.2　神经网络算法步骤

神经网络结构如图 4.2 所示。

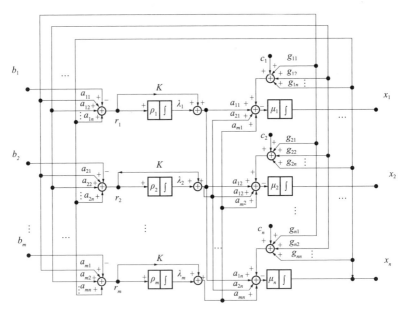

图 4.2　神经网络结构

神经网络包括加法器和积分器。神经网络由两层组成，在第一层中，计算拉格朗日系数。在第二层中，计算判别因子。

神经网络算法步骤如下：

（1）给 $x(1)$、$\lambda(1)$、μ、ρ、K 设置初始值。

（2）令 $t=1$，根据迭代方程进行神经网络学习。

（3）给定判别因子迭代精度 e 赋值。

（4）当 $\dfrac{\partial L(x(t+1),\lambda(t+1),K)}{\partial x} - \dfrac{\partial L(x(t),\lambda(t),K)}{\partial x} > e$ 或者

$$\frac{\partial L(\boldsymbol{x}(t+1),\boldsymbol{\lambda}(t+1),K)}{\partial \boldsymbol{\lambda}} - \frac{\partial L(\boldsymbol{x}(t),\boldsymbol{\lambda}(t),K)}{\partial \boldsymbol{\lambda}} > e \text{ 时，令 } t = t+1\text{，返回步骤}$$

（2）。

（5）当 $\dfrac{\partial L(\boldsymbol{x}(t+1),\boldsymbol{\lambda}(t+1),K)}{\partial \boldsymbol{x}} - \dfrac{\partial L(\boldsymbol{x}(t),\boldsymbol{\lambda}(t),K)}{\partial \boldsymbol{x}} < e$ 而且

$$\frac{\partial L(\boldsymbol{x}(t+1),\boldsymbol{\lambda}(t+1),K)}{\partial \boldsymbol{\lambda}} - \frac{\partial L(\boldsymbol{x}(t),\boldsymbol{\lambda}(t),K)}{\partial \boldsymbol{\lambda}} < e \text{ 时，输出最优点}(\boldsymbol{x}^*,\boldsymbol{\lambda}^*)\text{。}$$

4.4.4.3　执行器控制策略调节量的确定

将执行器控制策略调节量模型转换为如下形式：

$$\begin{cases} \min & F(x) \\ \text{s. t.} & \begin{cases} g_j(x) \leqslant 0 \\ j = 1,2,\cdots,n_c \\ a_i \leqslant x_i \leqslant b_i \\ i = 1,2,\cdots,n \end{cases} \end{cases} \tag{4.20}$$

式中，x_i——执行器控制策略调节量模型的输出值；

　　　$F(x)$——执行器控制策略调节量模型的评价函数；

　　　$g_j(x)$——执行器控制策略调节量模型的约束函数。

将式（4.20）转化成带惩罚因子的形式：

$$\begin{cases} \min & \begin{cases} F'(x) = F(x) + \displaystyle\sum_{j=1}^{n_c} \varPhi_j \\[2mm] \varPhi_j = r_j[g_j'(x)^2] \\[2mm] g_j'(x) = \begin{cases} g_j(x), g_j(x) > \varepsilon_j \\ 0, g_j(x) \leqslant \varepsilon_j \end{cases} \\[3mm] j = 1,2,\cdots,n_c \end{cases} \\[6mm] \text{s. t.} & \begin{cases} a_i \leqslant x_i \leqslant b_i \\ i = 1,2,\cdots,n \end{cases} \end{cases} \tag{4.21}$$

式中，r_j——执行器控制策略调节量模型约束的惩罚因子；

　　　ε_j——执行器控制策略调节量模型惩罚项的约束精度。

设 $F_{\max}$ 为大于各代群体中个体的最大适应度的值，则可以得到适应度函

数为 $f = F_{\max} - F'(x)$。

编码方法采用二进制编码，由二进制符号 0 和 1 所组成的二值符号集合 $\{0,1\}$，它所构成的个体基因型是一个二进制编码符号串。编码时的对应关系如下：

$$\begin{cases} 00000000 \quad \cdots \quad 00000000 = 0 \quad \rightarrow \quad U_{\min} \\ 00000000 \quad \cdots \quad 00000001 = 1 \quad \rightarrow \quad U_{\min} + \delta \\ \vdots \qquad\qquad \vdots \qquad\qquad \vdots \qquad\quad \vdots \qquad \vdots \\ 11111111 \quad \cdots \quad 11111111 = 2^l - 1 \quad \rightarrow \quad U_{\max} \end{cases} \tag{4.22}$$

式中，$[U_{\min}, U_{\max}]$——某一个参数的取值范围；

l——二进制编码字符串长度。

令二进制编码的编码精度为 $\delta = (U_{\max} - U_{\min})/(2^l - 1)$，则对应的解码公式为

$$\begin{cases} x = U_{\min} + \left(\displaystyle\sum_{i=1}^{l} b_i \cdot 2^{i-1} \right) \cdot \dfrac{U_{\max} - U_{\min}}{2^l - 1} \\ X : b_l b_{l-1} b_{l-2} \cdots b_2 b_1 \end{cases} \tag{4.23}$$

式中，$b_l b_{l-1} b_{l-2} \cdots b_2 b_1$——某一个体的编码。

当一种个体含有 n 个参数时，则个体可以表示为

$$\begin{cases} \underbrace{b_{11} b_{12} \cdots b_{1l_1}}_{x_1} \quad \underbrace{b_{21} b_{22} \cdots b_{2l_2}}_{x_2} \quad \cdots \quad \underbrace{b_{n1} b_{n2} \cdots b_{nl_n}}_{x_n} \\ l = \displaystyle\sum_{i=1}^{n} l_i \end{cases} \tag{4.24}$$

因为无回放随机选择可以确保适应度比平均适应度大的一些个体一定能够被遗传到下一代群体中，所以选择误差比较小。它的基本思想是：根据每个个体在下一代群体中的生存期望值来进行堆积选择运算。其具体操作过程如下：

（1）计算群体中每个个体在下一代群体中的生存期望数目 N_i：

$$N_i = \frac{M \cdot F_i}{\displaystyle\sum_{i=1}^{M} F_i} \quad i = 1, 2, \cdots, M$$

（2）对 N_i 向下取整 $[N_i]$，作为对应个体在下一代群体中的生存数目。

这样共可确定出下一代 M 个群体中的 $\sum\limits_{i=1}^{M}[N_i]$ 个个体。

（3）以 $F-[N_i]\cdot\sum\limits_{i=1}^{M}F_i/M$ 为各个个体新的适应度，用比例选择方法（轮盘选择方法）来随机确定下一代群体中还未确定的 $M-\sum\limits_{i=1}^{M}[N_i]$ 个个体。

均匀交叉是指两个配对个体每一个基因座上的基因都以相同的交叉概率进行交换，从而形成两个新的个体。均匀交叉的主要操作如下：

（1）随机产生一个与个体编码串长度等长的屏蔽字 $W=w_1w_2\cdots w_i\cdots w_l$，其中 l 为个体编码长度。

（2）由下述规则从 A、B 两个父代个体中产生出两个新的子代个体 A'、B'。

若 $w_i=0$，则 A' 在第 i 个基因座上的基因值继承 A 的对应基因值，B' 在第 i 个基因座上的基因值继承 B 的对应基因值。

若 $w_i=1$，则 A' 在第 i 个基因座上的基因值继承 B 的对应基因值，B' 在第 i 个基因座上的基因值继承 A 的对应基因值。

均匀交叉操作的示例如下：

$$A:xxxxxxxxxx \xrightarrow[W=0101010101]{\text{Uniform Crossover}} A':xyxyxyxyxy$$
$$B:yyyyyyyyyy \qquad\qquad\qquad\quad B':yxyxyxyxyx$$

均匀变异是指分别用符合某一个范围内均匀分布的随机数，以某一较小的概率来替换个体编码串中各个基因座上的原有基因值。均匀变异的具体操作过程如下：

（1）依次指定个体编码串中的每个基因座为变异点。

（2）对每一个变异点，以变异概率 p_m 从对应基因的取值范围内取一随机数来替代原有基因值。

假设有一个个体为 $X=x_1x_2\cdots x_k\cdots x_l$，$r$ 为 $[0,1]$ 范围内符合均匀概率分布的一个随机数，若 x_k 为变异点，其取值范围为 $[U_{\min}^k,U_{\max}^k]$，在该点对个体 X 进行均匀变异操作后，可得到一个新的个体 $X=x_1x_2\cdots x_k'\cdots x_l$，其中变异点的新基因值为

$$x_k'=U_{\min}^k+r\cdot(U_{\max}^k-U_{\min}^k)$$

4.4.4.4　遗传算法步骤

遗传算法结构如图4.3所示。

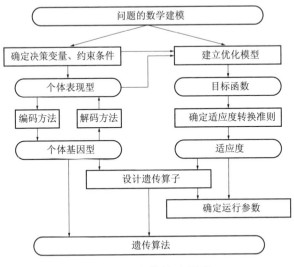

图 4.3　遗传算法结构

可行解的编码方法、遗传算子的设计是构造遗传算法时需要考虑的两个主要问题，也是设计遗传算法时的两个关键步骤。构造遗传算法的具体步骤如下：

（1）确定决策变量及其各种约束条件，即确定个体的表现型 X 和问题的解空间。

（2）建立优化模型，即确定目标函数类型及其数学描述形式或量化方法。

（3）确定表示可行解的染色体编码方法，即确定个体的基因型 X 及遗传算法的搜索空间。

（4）确定解码方法，即确定由个体基因型到个体表现型的对应关系或转换方法。

（5）确定个体适应度的量化评价方法，即确定由目标函数值 $f(X)$ 到个体适应度 $F(X)$ 的转换规则。

（6）设计遗传算子，即确定选择运算、交叉运算、变异运算等遗传算子的具体操作方法。

（7）确定遗传算法的有关运行参数，即确定遗传算法的 M、T、p_c、p_m 等参数。

4.5　控制效果分析

将执行机构调节策略模型在某 1 450mm 五机架冷连轧机的板形控制系统中进行现场测试。分别对不同宽度、不同轧制力、不同压下量的带钢的板形控制效果进行分析。

4.5.1　不同带钢宽度的板形控制效果

带钢宽度为 920mm 且采用执行机构调节策略模型的板形控制效果如图 4.4 所示。

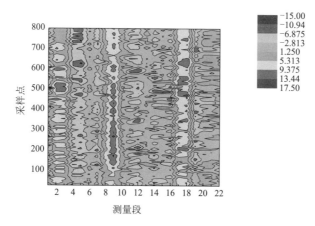

**图 4.4　带钢宽度为 920mm 且采用执行机构
调节策略模型的板形控制效果**

带钢宽度为 920mm 且采用常规模型的板形控制效果如图 4.5 所示。

带钢宽度为 880mm 且采用常规模型的板形控制效果如图 4.6 所示。

从图 4.4、图 4.5 和图 4.6 可知，当带钢宽度为 920mm，而且控制方法从采用常规模型变为采用板形调节执行机构的调节策略模型时，各测量段的平均板形偏差均减小，其中，最大减小幅度为 3.81I。说明轧制宽带钢

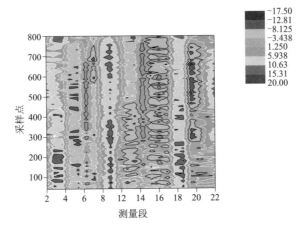

**图 4.5　带钢宽度为 920mm 且采用常规模型
的板形控制效果**

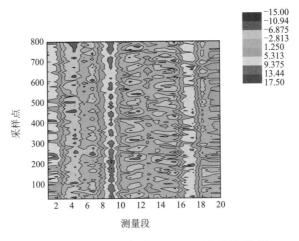

**图 4.6　带钢宽度为 880mm 且采用常规
模型的板形控制效果**

时，采用板形调节执行机构的调节策略模型的板形控制效果优于采用常规
方法的板形控制效果。

　　当控制方法采用常规模型，而且带钢宽度从 880mm 变为 920mm 时，各
测量段的平均板形偏差均增加，其中最大增加幅度为 3.17I。说明采用常规
模型时，轧制宽带钢的板形控制效果比轧制窄带钢的板形控制效果差。

　　当带钢宽度从 920mm 变为 880mm，而且控制方法从采用板形调节执行机构的调节策略模型变为采用常规模型时，各测量段的平均板形偏差变化比较小，其中最大变化幅度为 1.33I。说明采用板形调节执行机构的调节策略模型能够对带钢宽度进行补偿，其中最大宽度补偿效率为 51.89%。

4.5.2　不同轧制力的板形控制效果

轧制力为 8 300 ~ 8 900kN 且采用板形调节执行机构调节策略模型的板形控制效果如图 4.7 所示。

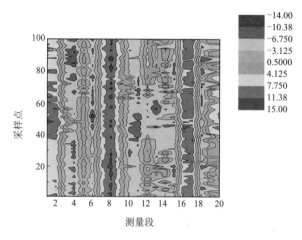

图 4.7　轧制力为 8 300 ~ 8 900kN 且采用板形调节
执行机构调节策略模型的板形控制效果

轧制力为 7 700 ~ 8 300kN，且采用常规模型的板形控制效果如图 4.8 所示。

轧制力为 8 300 ~ 8 900kN，且采用常规模型的板形控制效果如图 4.9 所示。

从图 4.7、图 4.8 和图 4.9 可知，当轧制力为 8 300 ~ 8 900kN，且控制方法从采用常规模型变为采用板形调节执行机构的调节策略模型时，各测量段的平均板形偏差均减小，其中最大减小幅度为 2.52I。说明轧制力较大时，采用板形调节执行机构的调节策略模型的板形控制效果优于采用常规模型的控制效果。

当控制方法采用常规模型，且轧制力从 7 700 ~ 8 300kN 变为 8 300 ~ 8 900kN 时，各个测量段的平均板形偏差均增加，其中最大增加幅度为 2.71I。

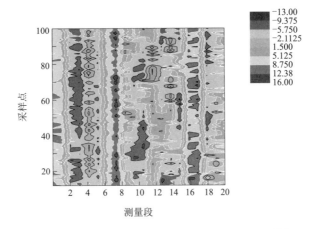

图 4.8　轧制力为 7 700 ~ 8 300kN 且采用常规模型的板形控制效果

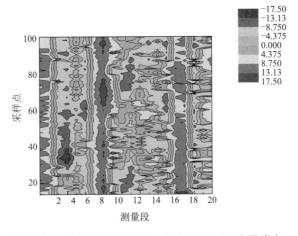

图 4.9　轧制力为 8 300 ~ 8 900kN 且采用常规模型的板形控制效果

说明采用常规模型，轧制力较大的板形控制效果比轧制力较小的板形控制效果差。

当轧制力从 7 700 ~ 8 300kN 变为 8 300 ~ 8 900kN，且控制方法从采用常规模型变为采用板形调节执行机构的调节策略模型时，各测量段的平均板形偏差变化比较小，其中最大变化幅度为 1.15I。说明采用板形调节执行机构的调节策略模型能够对轧制力进行补偿，其中最大轧制力补偿效率为 42.88% 。

4.5.3 不同压下量的板形控制效果

压下量为 15.89% 且控制方法采用常规模型的板形控制效果如图 4.10 所示。

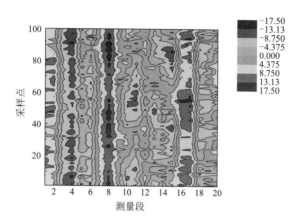

**图 4.10 压下量为 15.89% 且控制方法采用
常规模型的板形控制效果**

压下量为 32.96% 且控制方法采用板形调节执行机构的调节策略模型的板形控制效果如图 4.11 所示。

压下量为 32.96% 且控制方法采用常规模型的板形控制效果如图 4.12 所示。

从图 4.10、图 4.11 和图 4.12 可知,当压下量为 32.96% ,且控制方法从采用常规模型变为采用板形调节执行机构的调节策略模型时,各测量段的平均板形偏差均减小,其中最大减小幅度为 5.89I。说明压下量较大时,采用板形调节执行机构的调节策略模型的板形控制效果优于采用常规模型的板形控制效果。

当控制方法采用常规模型,且压下量从 15.89% 变为 32.96% 时,各测量段的平均板形偏差均增加,其中最大增加幅度为 2.93I。说明采用常规模型,压下量较大的板形控制效果比压下量较小的板形控制效果差。

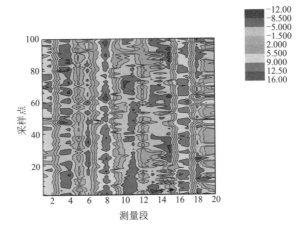

**图 4.11　压下量为 32.96% 且控制方法采用板形调节
执行机构调节策略模型的板形控制效果**

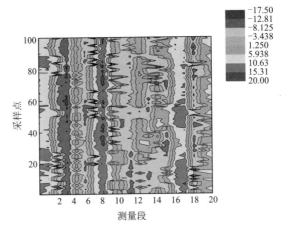

**图 4.12　压下量为 32.96% 且控制方法
采用常规模型的板形控制效果**

　　当压下量从 15.89% 变为 32.96%，且控制方法从采用常规模型变为采用板形调节执行机构的调节策略模型时，各测量段的平均板形偏差变化比较小，其中最大变化幅度为 1.31I。说明采用板形调节执行机构的调节策略模型能够对压下量进行补偿，其中最大压下量补偿效率为 36.77%。

4.6　本章小结

（1）对比分析了执行器的调节效率。实验数据显示，中间辊弯辊为具有低敏感度的执行机构；工作辊弯辊、工作辊倾斜以及中间辊横移为具有高敏感度的执行机构；工作辊弯辊、中间辊弯辊以及中间辊横移为具有对称调节能力的执行机构；工作辊倾斜为具有非对称调节能力的执行机构。该分析结果为调节策略库的建立提供了依据。

（2）设计了基于神经网络 - 遗传算法的执行机构调节策略，有效地保证了调节机构组合后的整体板形调节能力与待消除板形缺陷匹配，能够针对复杂的实际板形状况选择最优的调节机构组合方式，大幅提高了板形系统的控制精度。

（3）验证了执行机构调节策略作用下宽度不同时的带钢板形控制效果。实验数据显示，当带钢宽度从 880mm 增加到 920mm 时，带钢的板形质量降低，采用执行机构调节策略能够有效缓解宽度增加对板形造成的不良影响，其中最大宽度补偿效率为 51.89%，执行机构调节策略能够提高宽带钢轧制时的板形控制精度。

（4）验证了执行机构调节策略作用下轧制力不同时的板形控制效果。实验数据显示，当轧制力从 7 700～8 300kN 增加到 8 300～8 900kN 时，带钢的板形质量降低，采用执行机构调节策略能够有效缓解轧制力增加对板形造成的不良影响，其中最大轧制力补偿效率为 42.88%，执行机构调节策略能够提高在大轧制力情况下的板形控制精度。

（5）验证了执行机构调节策略作用下压下量不同时的板形控制效果。实验数据显示，当压下量从 15.89% 增加到 32.96% 时，带钢的板形质量降低，采用执行机构调节策略能够有效缓解压下量增加对板形造成的不良影响，其中最大压下量补偿效率为 36.77%，执行机构调节策略能够提高在大压下量情况下的板形控制精度。

第5章　板形目标曲线动态调节的研究

板形目标曲线直接决定成品带钢的板形[187~190]。由于整卷带钢的初始板形十分复杂，因此需要对板形目标曲线系数进行干预才能获得良好的板形[191~193]。但是，传统的板形目标曲线系数常规干预是一种经验调节，只能调节单个曲线系数[194~197]。常规干预的调节量对板形偏差的消除效果是不确定的，无论是对称的板形缺陷还是非对称的板形缺陷，板形目标曲线系数的常规干预始终不能有效地解决调节不平衡的问题[198~199]。因此，本章以某1 450mm五机架冷轧机组为研究对象，设计一种板形目标曲线的动态调节策略，并检验该动态调节策略消除对称性板形缺陷的调节效果，同时分析不同轧制速度以及不同带钢厚度条件下的板形控制效果。

5.1　板形目标曲线系数

动态补偿板形目标曲线是在传统板形目标曲线的基础上，通过一次、二次系数和边部系数对板形目标曲线进行实时、动态、连续地修正，即

$$T(j) = \begin{cases} \left(\dfrac{j}{m-1} - 0.5\right)X\_1 + \left(\left(\dfrac{2j}{m-1} - 1\right)^2 - \dfrac{m+1}{3(m-1)}\right)X\_2 + \left(1 - \dfrac{3}{m}\right)X\_3 \\ \qquad\qquad j = 0,\ j = m-1 \\ \left(\dfrac{j}{m-1} - 0.5\right)X\_1 + \left(\left(\dfrac{2j}{m-1} - 1\right)^2 - \dfrac{m+1}{3(m-1)}\right)X\_2 + \left(0.5 - \dfrac{3}{m}\right)X\_3 \\ \qquad\qquad j = 1,\ j = m-2 \\ = \left(\dfrac{j}{m-1} - 0.5\right)X\_1 + \left(\left(\dfrac{2j}{m-1} - 1\right)^2 - \dfrac{m+1}{3(m-1)}\right)X\_2 + \left(-\dfrac{3}{m}\right)X\_3 \\ \qquad\qquad 2 \leqslant j \leqslant m-3 \end{cases}$$

$$(5.1)$$

式中，X_1——板形目标曲线一次系数，用于调节不对称板形缺陷；

$\quad\quad X\_2$——板形目标曲线二次系数，用于调节对称板形缺陷；

$\quad\quad X\_3$——板形目标曲线边部系数，用于调节最外侧板形缺陷；

$\quad\quad m$——带钢占用的测量段个数；

$\quad\quad T(j)$——j 测量段目标板形值；

$\quad\quad j$——使用测量段的序号；

$\quad\quad T$——总的测量段个数；

其中，板形目标曲线一次系数能够调节单边浪，板形目标曲线二次系数能够调节中浪与双边浪，板形目标曲线边部系数能够调节最外侧板形缺陷。

5.2　板形目标曲线动态调节的评价函数

安装在轧机出口处的板形辊，用于检测带钢实时出口板形，其输出的板形测量值是末机架各板形调节机构综合调节后的控制效果。末机架出口测量板形可以由一组等效系数近似表达。由这组等效系数构成的板形曲线与其无限接近，因此可以用这组等效系数构成的板形曲线代表经末机架各板形调节机构综合调节后的控制效果。在测试实例中，等效因子表达式如下：

$$\begin{cases} \min \quad \displaystyle\sum_{j=0}^{m-1} \left(M(j) - T(j, X\_1\_e, X\_2\_e, X\_3\_e) \right)^2 \\[2mm] \text{s. t.} \begin{cases} -35 \leqslant X\_1\_e \leqslant 35 \\ -35 \leqslant X\_2\_e \leqslant 0 \\ -9 \leqslant X\_3\_e \leqslant 0 \end{cases} \end{cases} \tag{5.2}$$

式中，$M(j)$——j 测量段的末机架出口测量板形；

$\quad\quad X\_1\_e$——一次等效因子；

$\quad\quad X\_2\_e$——二次等效因子；

$\quad\quad X\_3\_e$——边部等效因子。

5.3 板形目标曲线动态调节的修正方案

根据用户对不同规格的带钢提出的板形要求，制定相应的板形系数表格，每一组板形系数都与带钢规格、来料凸度、钢种等初始条件一一对应。动态调节修正方案的板形系数矩阵如下：

$$A = [a, b, c, g, w, cr, ts] \tag{5.3}$$

式中，A——动态调节修正方案的板形系数矩阵；

a——动态调节修正方案的一次系数向量；

b——动态调节修正方案的二次系数向量；

c——动态调节修正方案的边部系数向量；

g——动态调节修正方案的带钢厚度向量；

w——动态调节修正方案的带钢宽度向量；

cr——动态调节修正方案的来料凸度向量；

ts——动态调节修正方案的钢种向量。

已知 X_1_e，X_2_e，X_3_e 为当前可以调节的目标板形曲线系数，X_1，X_2，X_3 为等价于实际出口的板形曲线系数，a_i，b_i，c_i 为希望可以达到的目标板形曲线系数。以一次系数为例，X_1_e 是随着 X_1 的变化而变化的，而 X_1 的变化方向与变化幅度是由 X_1_e 与 a_i 的差值决定的，最终要让 X_1_e 达到 a_i，X_1 变化为 $X\_1 + (a_i - X\_1\_e)$。调节后的板形目标曲线系数设定值如下：

$$\begin{cases} X\_1_{adjust} = X\_1 + (a_i - X\_1\_e) \\ X\_2_{adjust} = X\_2 + (b_i - X\_2\_e) \\ X\_3_{adjust} = X\_3 + (c_i - X\_3\_e) \end{cases} \tag{5.4}$$

式中，X_1_{adjust}——调节后的板形目标曲线一次系数设定值；

X_2_{adjust}——调节后的板形目标曲线二次系数设定值；

X_3_{adjust}——调节后的板形目标曲线边部系数设定值；

X_1——当前板形目标曲线一次系数设定值；

X_2——当前板形目标曲线二次系数设定值；

X_3——当前板形目标曲线边部系数设定值。

5.4 板形目标曲线动态调节混合算法

GENOCOP 使用概率搜索技术。其选择、交叉、变异运算都是以一种概率的方式进行的，但这种随机性有可能导致搜索速度缓慢[200~203]。GENO-COP 同时使用多个搜索信息，对群体进行选择、交叉、变异运算产生新的群体，但群体信息会产生过大的计算量[204~207]。Zoutendijk 使用确定性搜索方法，一个搜索点到另一个搜索点的转移有确定的转移方向和转移关系，但这种确定性可能导致搜索永远到不了最优点[208~211]。Zoutendijk 是从解空间中的一个初始点开始最优解的搜索过程，单点搜索提供的信息不多，搜索效率不高，可能出现搜索过程陷于局部最优解而停滞。

智能混合调节算法兼顾搜索的确定性与随机性，搜索点的转移方向采用概率性搜索技术，同时搜索点的转移关系采用确定性的搜索技术。这样既保证了较高的搜索速度和灵活性，又避免了出现一直搜索不到最优点的情况。混合调节算法是多点搜索与单点搜索同时进行，转移方向采用多点搜索，转移关系采用单点搜索。这样能够扩大搜索点的范围，使搜索信息更丰富，避免搜索一些不需要搜索的点，同时一定程度地减少计算量。

将板形目标曲线动态调节的评价函数转换为如下形式：

$$\begin{cases} \min \quad f_Z(\boldsymbol{x}_Z) \\ \text{s. t.} \begin{cases} \boldsymbol{A}_Z\boldsymbol{x}_Z \geq b_Z \\ \boldsymbol{E}_Z\boldsymbol{x}_Z = e_Z \end{cases} \end{cases} \tag{5.5}$$

式中，f_Z——板形目标曲线动态调节的目标函数；

$\boldsymbol{A}_Z$——板形目标曲线动态调节的不等式约束矩阵；

$\boldsymbol{E}_Z$——板形目标曲线动态调节的等式约束矩阵。

5.4.1 混合算法的理论基础

在混合算法中，如果从一个已知的可行点出发，那么在满足什么条件的情况下，才能使下一个迭代点也是可行点？如果已知两个迭代点均是可行点，那么可以推导出一定成立的结论。

5.4.4.1 混合算法推论1

设 $\bar{x}_Z$ 是可行点，d_Z 是 $\bar{x}_Z$ 处的一个可行方向。由可行方向的定义可得，存在 $\bar{\alpha}$，使得对于任意的 α $(0 < \alpha \leqslant \bar{\alpha})$，有 $A_Z(\bar{x}_Z + \alpha d_Z) \geqslant b_Z$，$E_Z(\bar{x}_Z + \alpha d_Z) = e_Z$。也就是有 $A_{Z1}(\bar{x}_Z + \alpha d_Z) \geqslant b_{Z1}$，$A_{Z2}(\bar{x}_Z + \alpha d_Z) \geqslant b_{Z2}$，$E_Z(\bar{x}_Z + \alpha d_Z) = e_Z$。于是由 $A_{Z1}(\bar{x}_Z + \alpha d_Z) = A_{Z1}\bar{x}_Z + \alpha(A_{Z1}d_Z) \geqslant b_{Z1}$，$A_{Z1}\bar{x}_Z = b_{Z1}$ $(\alpha > 0)$，可以推导出 $A_{Z1}d_Z \geqslant 0$。由 $E_Z(\bar{x}_Z + \alpha d_Z) = E_Z\bar{x}_Z + \alpha(E_Zd_Z) = e_Z$，$E_Z\bar{x}_Z = e_Z$ $(\alpha > 0)$，可以推导出 $E_Zd_Z = 0$。

5.4.4.2 混合算法推论2

设 $A_{Z1}d_Z \geqslant 0$，$E_Zd_Z = 0$。因为 $\bar{x}_Z$ 是可行点，且 $A_{Z1}\bar{x}_Z = b_{Z1}$，$E_Z\bar{x}_Z = e_Z$。对于任意的 $\alpha > 0$ 都有 $A_{Z1}(\bar{x}_Z + \alpha d_Z) = A_{Z1}\bar{x}_Z + \alpha(A_{Z1}d_Z) \geqslant A_{Z1}\bar{x}_Z = b_{Z1}$，$E_Z(\bar{x}_Z + \alpha d_Z) = E_Z\bar{x}_Z + \alpha(E_Zd_Z) = E_Z\bar{x}_Z = e_Z$。由 $A_{Z2}\bar{x}_Z > b_{Z2}$，故必存在一个 $\bar{\alpha}$，使得对于任意的 $\alpha \in (0, \bar{\alpha}]$ 都有 $A_{Z2}(\bar{x}_Z + \alpha d_Z) = A_{Z2}\bar{x}_Z + \alpha A_{Z2}d_Z \geqslant b_{Z2}$。如果 $A_{Z2}d_Z$ 的各个分量均是正数，α 是大于零的常数，则成立。如果 $A_{Z2}d_Z$ 存在分量是负数，设 $A_{Z2}d_{Z\min}(i)$ 为其中最小的负数分量，令 α 取任意的 $0 < \alpha < (A_{Z2}\bar{x}_Z(i) - b_{Z2}(i))/(|A_{Z2}d_{Z\min}(i)|)$，则成立。表明存在 $\bar{\alpha}$，使得对于任意的 $\alpha \in (0, \bar{\alpha}]$ 有 $A_Z(\bar{x}_Z + \alpha d_Z) \geqslant b_Z$，$E_Z(\bar{x}_Z + \alpha d_Z) = e_Z$，即 $\bar{x}_Z + \alpha d_Z$ 是可行点，从而 d_Z 是 $\bar{x}_Z$ 处的可行方向。

5.4.2 混合算法搜索方向的确定

在混合算法中，首先需要研究的问题就是确定搜索方向，使下一个迭代点的评价函数值朝着减小的方向变化。

5.4.2.1 混合算法的可行方向

要寻找可行点 $\bar{x}_Z$ 处的一个下降可行方向 d_Z，可以通过求解下述问题得到，即

$$\begin{cases} \min \quad \nabla f_Z(\bar{\boldsymbol{x}}_Z)^{\mathrm{T}} d_Z \\ \text{s. t.} \begin{cases} A_{Z1} d_Z \geqslant 0 \\ E_Z d_Z = 0 \\ -1 \leqslant d_Z(i) \leqslant 1, 1 \leqslant i \leqslant n \end{cases} \end{cases} \tag{5.6}$$

式中，$\nabla f_Z(\bar{\boldsymbol{x}}_Z)^{\mathrm{T}}$——板形目标曲线动态调节的目标函数偏导数。

可行方向法的具体计算步骤：首先确定搜索步长 $\alpha_Z(k)$，设可行域为 $\varGamma_Z$。第 k 次迭代的出发点 $x_Z(k) \in \varGamma_Z$ 是叫行点，d_Z 是其下降可行方向，则第 $k+1$ 次迭代的出发点为 $x_Z(k+1) = x_Z(k) + \alpha_Z(k) d_Z(k)$。其中，$x_Z(k)$ 为第 k 次迭代的出发点，$x_Z(k+1)$ 为第 $k+1$ 次迭代的出发点，$\alpha_Z(k)$ 为第 k 次迭代的搜索步长，$d_Z(k)$ 为第 k 次迭代的下降可行方向。

为了使 $x_Z(k+1) \in \varGamma_Z$ 且使 $f_Z(x_Z(k+1))$ 的值尽可能小，可以通过求解下述问题得到，即

$$\begin{cases} \min\limits_{0 \leqslant \alpha_Z(k) \leqslant \bar{\alpha}_Z(k)} \quad f_Z(x_Z(k) + \alpha_Z(k) d_Z(k)) \\ \bar{\alpha}_Z(k) = \max\{\alpha_Z(k) \,|\, x_Z(k) + \alpha_Z(k) d_Z(k) \in \varGamma_Z\} \end{cases} \tag{5.7}$$

式中，$\bar{\alpha}_Z(k)$——第 k 次迭代的搜索步长上界。

5.4.2.2　推导与简化

将 $x_Z(k) + \alpha_Z(k) d_Z(k)$ 代入式（5.5），可得

$$\begin{cases} \min \quad f_Z(x_Z(k) + \alpha_Z(k) d_Z(k)) \\ \text{s. t.} \begin{cases} A_Z(x_Z(k) + \alpha_Z(k) d_Z(k)) \geqslant b_Z \\ E_Z(x_Z(k) + \alpha_Z(k) d_Z(k)) = e_Z \end{cases} \end{cases} \tag{5.8}$$

因为 $d_Z(k)$ 是可行方向，所以有 $E_Z d_Z(k) = 0$。$x_Z(k)$ 是可行点，于是有 $E_Z x_Z(k) = e_Z$。因此，式（5.8）中的等式约束条件自然成立。

在 $x_Z(k)$ 处，将式（5.8）中的不等式约束分为有效约束与非有效约束，设 $A_{Z1}(k)$，$b_{Z1}(k)$ 为第 k 次迭代的有效约束，$A_{Z2}(k)$，$b_{Z2}(k)$ 为第 k 次迭代的非有效约束，则有 $A_{Z1}(k) x_Z(k) = b_{Z1}(k)$，$A_{Z2}(k) x_Z(k) > b_{Z2}(k)$，$\boldsymbol{A}_Z = [A_{Z1}(k), A_{Z2}(k)]^{\mathrm{T}}$，$\boldsymbol{b}_Z = [b_{Z1}(k), b_{Z2}(k)]^{\mathrm{T}}$。不等式约束可以分列为 $A_{Z1}(k) x_Z(k) + \alpha_Z(k) A_{Z1}(k) d_Z(k) \geqslant b_{Z1}(k)$，$A_{Z2}(k) x_Z(k) + \alpha_Z(k) A_{Z2}(k) d_Z$

$(k) \geqslant b_{Z2}(k)$。因为 $d_Z(k)$ 是可行方向，所以有 $A_{Z1}(k)d_Z(k) \geqslant 0$。已知 $A_{Z1}(k)x_Z(k) = b_{Z1}(k)$ 且 $\alpha_Z(k) > 0$，因此，不等式约束条件自然成立。

因此，式（5.8）可以简化为

$$\begin{cases} \min \quad f_Z(x_Z(k) + \alpha_Z(k)d_Z(k)) \\ \text{s. t.} \begin{cases} A_{Z2}(k)(x_Z(k) + \alpha_Z(k)d_Z(k)) \geqslant b_{Z2}(k) \\ \alpha_Z(k) > 0 \end{cases} \end{cases} \quad (5.9)$$

5.4.2.3　等价转换

为了求解等效因子 X_1_e，X_2_e，X_3_e 的最优值，需要进行如下等价转换：

$$\begin{cases} f_Z(x_Z(k)) = \sum_{j=0}^{m-1} (M(j) - T(j,X\_1\_e,X\_2\_e,X\_3\_e))^2 \\ x_Z(k) = (X\_1\_e,X\_2\_e,X\_3\_e) \end{cases} \quad (5.10)$$

5.4.2.4　确定搜索步长上界

设 $\bar{\alpha}_Z(k)$ 为第 k 次迭代的搜索步长上界，由不等式约束条件，可得

$$\begin{cases} \alpha_Z(k)A_{Z2}(k)d_Z(k) \geqslant b_{Z2}(k) - A_{Z2}(k)x_Z(k) \\ \bar{b}_Z(k) = b_{Z2}(k) - A_{Z2}(k)x_Z(k), \bar{d}_Z(k) = A_{Z2}(k)d_Z(k) \\ \alpha_Z(k)\bar{d}_Z(k) \geqslant \bar{b}_Z(k), \alpha_Z(k) > 0 \end{cases} \quad (5.11)$$

已知 $A_{Z2}(k)x_Z(k) > b_{Z2}(k)$，于是有 $\bar{b}_Z(k) < 0$。由此可得第 k 次迭代的搜索步长上界 $\bar{\alpha}_Z(k)$ 的计算公式：

$$\bar{\alpha}_Z(k) = \begin{cases} \min\left\{ \dfrac{\bar{b}_Z(k)(i)}{\bar{d}_Z(k)(i)} = \dfrac{(b_{Z2}(k) - A_{Z2}(k)x_Z(k))_i}{(A_{Z2}(k)d_Z(k))_i} \;\middle|\; \bar{d}_Z(k)(i) < 0 \right\}, \\ \hfill \exists \bar{d}_Z(k)(i) < 0 \\ \\ +\infty, \hfill \bar{d}_Z(k) \geqslant 0 \end{cases} \quad (5.12)$$

式中，$\bar{b}_Z(k)(i)$——$\bar{b}_Z(k)$ 的第 i 个分量；

$\bar{d}_z(k)(i)$——$\bar{d}_z(k)$ 的第 i 个分量。

5.4.3　混合算法搜索方向的寻优

在混合算法中，先设计满足哪些条件能够使搜索方向是可行方向，然后还需要思考按照哪些步骤可以获得这样的搜索方向。

5.4.3.1　可行方向的寻优

设 $d_z(k)$ 为第 k 次迭代的下降容许方向，搜索方向寻优问题的具体形式为

$$\begin{cases} \min \quad Z(k) = \nabla f_Z\left(\boldsymbol{x}_Z(k)\right)^{\mathrm{T}} d_Z(k) \\ \text{s. t.} \begin{cases} A_{Z1} d_Z(k) \geqslant 0 \\ -1 \leqslant d_Z(i) \leqslant 1, 1 \leqslant i \leqslant n \end{cases} \end{cases} \tag{5.13}$$

将搜索方向寻优问题转换为如下形式：

$$\begin{cases} \min \quad f_{LP}(x_i), 1 \leqslant i \leqslant N \\ \text{s. t.} \begin{cases} h_j(x_i) \geqslant 0 \\ a_i \leqslant x_i \leqslant b_i \end{cases} \quad 1 \leqslant j \leqslant M \end{cases} \tag{5.14}$$

式中，$f_{LP}(x_i)$——搜索方向寻优问题的目标函数。

可以得到无约束形式为

$$\begin{cases} \max F_{\text{fitness}}(x) = \begin{cases} \dfrac{P_{\text{penalty}}(x)}{1 + (1.1)^{f_{LP}(x)}}, f_{LP}(x) \geqslant 0 \\ \dfrac{P_{\text{penalty}}(x)}{1 + (0.9)^{-f_{LP}(x)}}, f_{LP}(x) < 0 \end{cases} \\ P_{\text{penalty}}(x) = \dfrac{1}{(1.1)^{\sum\limits_{j=1}^{M} h_j(x)}} \end{cases} \tag{5.15}$$

式中，$P_{\text{penalty}}(x)$——搜索方向寻优问题的惩罚函数；

　　　$F_{\text{fitness}}(x)$——搜索方向寻优问题的适应函数。

5.4.3.2　选择算子

种群中个体的子孙在新种群出现的概率按照单个个体适应度的大小的比例进行分配。若某个个体 k，其适应度为 $f_{\text{select}}(k)$，选择概率为

$$P_{\text{select}}(k) = \frac{f_{\text{select}}(k)}{\sum\limits_{k=1}^{M_{\text{population}}} f_{\text{select}}(k)} \tag{5.16}$$

式中，$P_{\text{select}}(k)$——搜索方向寻优问题的选择概率；

$M_{\text{population}}$——搜索方向寻优问题的种群数；

$f_{\text{select}}(k)$——搜索方向寻优问题的适应度。

累积概率为

$$\begin{cases} P_{\text{accumulate}}(k+1) = P_{\text{select}}(k+1) + P_{\text{accumulate}}(k), 1 < k \leqslant M_{\text{population}} \\ P_{\text{accumulate}}(k) = P_{\text{select}}(k), k = 1 \end{cases} \tag{5.17}$$

式中，$P_{\text{accumulate}}(k)$——搜索方向寻优问题的累积概率。

在轮盘赌选择算子中，设 $N_{\text{random}}(1)$ 为轮盘赌选择算子中第一轮的随机数，$N_{\text{random}}(2)$ 为轮盘赌选择算子中第二轮的随机数，$N_{\text{random}}(3)$ 为轮盘赌选择算子中第三轮的随机数。[0，1] 均匀随机数在每一轮生成一个，选择指针能够根据这个均匀随机数来选择种群中的个体。当第一轮的随机数为 $N_{\text{random}}(1)$，则第 k 个个体被选择的充要条件为 $P_{\text{accumulate}}(k-1) < N_{\text{random}}(1) \leqslant P_{\text{accumulate}}(k)$；当第二轮的随机数为 $N_{\text{random}}(2)$，则第 k 个个体被选择的充要条件为 $P_{\text{accumulate}}(k-1) < N_{\text{random}}(2) \leqslant P_{\text{accumulate}}(k)$；当第三轮随机数为 $N_{\text{random}}(3)$，则第 k 个个体被选择的充要条件为 $P_{\text{accumulate}}(k-1) < N_{\text{random}}(3) \leqslant P_{\text{accumulate}}(k)$。以此类推，可以生成经过选择的交配种群。其中随机数 N_{random} 可以由计算机生成。

5.4.3.3 交叉算子

交叉算子为单点算数交叉算子。在计算交叉后的新的个体运算中，域约束作为中间值参与单点算数交叉算子的迭代，从轮盘赌选择算子开始，不等式约束化为无约束，不等式约束没有参与中间迭代，域约束一直存在。新的个体只有交叉点处的变量与旧的个体不同，其他位置的变量与旧的个体相同。新的个体交叉点处的变量只与有关旧的个体交叉点的变量有关，与旧的个体其他位置的变量无关。

令 $m_{\text{cross}} = N$，将第 t 代个体 $S_{\text{cross\_}v}^t = (v_1, \cdots, v_{k_{\text{cross}}}, \cdots, v_{m_{\text{cross}}})$ 和 $S_{\text{cross\_}w}^t = (w_1, \cdots, w_{k_{\text{cross}}}, \cdots, w_{m_{\text{cross}}})$ 进行交叉，k_{cross} 是交叉点，则交叉后新的个体为

$$S_{\text{cross}\_v}^{t+1} = (v_1, \cdots, v_{k_{\text{cross}}}^{\text{new}}, \cdots, v_{m_{\text{cross}}}) \text{ 和 } S_{\text{cross}\_w}^{t+1} = (w_1, \cdots, w_{k_{\text{cross}}}^{\text{new}}, \cdots, w_{m_{\text{cross}}})$$

式中，m_{cross}——搜索方向寻优问题的交叉算子的个数；

　　　　t——搜索方向寻优问题的个体遗传代数；

　　　　$S_{\text{cross}\_v}^{t}$——搜索方向寻优问题的交叉算子第 t 代一个个体；

　　　　$S_{\text{cross}\_w}^{t}$——搜索方向寻优问题的交叉算子第 t 代一个个体；

　　　　k_{cross}——搜索方向寻优问题的交叉算子中的交叉点；

　　　　$S_{\text{cross}\_v}^{t+1}$——搜索方向寻优问题的交叉算子第 $t+1$ 代一个个体；

　　　　$S_{\text{cross}\_w}^{t+1}$——搜索方向寻优问题的交叉算子第 $t+1$ 代一个个体。

搜索方向寻优问题的第 $t+1$ 代交叉点处的变量为

$$\begin{cases} v_{k_{\text{cross}}}^{\text{new}} = \lambda \cdot w_{k_{\text{cross}}} + (1-\lambda) \cdot v_{k_{\text{cross}}} \\ w_{k_{\text{cross}}}^{\text{new}} = \lambda \cdot v_{k_{\text{cross}}} + (1-\lambda) \cdot w_{k_{\text{cross}}} \\ \lambda \in \begin{cases} [\max(\alpha,\beta), \min(\gamma,\delta)], v_{k_{\text{cross}}} > w_{k_{\text{cross}}} \\ [0,0], v_{k_{\text{cross}}} = w_{k_{\text{cross}}} \\ [\max(\gamma,\delta), \min(\alpha,\beta)], v_{k_{\text{cross}}} < w_{k_{\text{cross}}} \end{cases} \end{cases} \quad (5.18)$$

式中，$w_{k_{\text{cross}}}$——搜索方向寻优问题的第 t 代交叉点处的变量；

　　　　$v_{k_{\text{cross}}}$——搜索方向寻优问题的第 t 代交叉点处的变量；

　　　　$v_{k_{\text{cross}}}^{\text{new}}$——搜索方向寻优问题的第 $t+1$ 代交叉点处的变量；

　　　　$w_{k_{\text{cross}}}^{\text{new}}$——搜索方向寻优问题的第 $t+1$ 代交叉点处的变量；

　　　　λ——搜索方向寻优问题的交叉算子的中间变量。

令 $l_{k_{\text{cross}}}^{S_{\text{cross}\_w}} = a_{k_{\text{cross}}}$，$u_{k_{\text{cross}}}^{S_{\text{cross}\_w}} = b_{k_{\text{cross}}}$，$l_{k_{\text{cross}}}^{S_{\text{cross}\_v}} = a_{k_{\text{cross}}}$，$u_{k_{\text{cross}}}^{S_{\text{cross}\_v}} = b_{k_{\text{cross}}}$。边界值 $l_{k_{\text{cross}}}^{S_{\text{cross}\_w}}$、$u_{k_{\text{cross}}}^{S_{\text{cross}\_w}}$ 与交叉点 k_{cross} 有关，与个体的代数 t 无关。$S_{\text{cross}\_v}^{t}$ 与 $S_{\text{cross}\_w}^{t}$ 在交叉点 k_{cross} 处的变量的上界相同；$S_{\text{cross}\_v}^{t}$ 与 $S_{\text{cross}\_w}^{t}$ 在交叉点 k_{cross} 处的变量的下界相同。其中，$l_{k_{\text{cross}}}^{S_{\text{cross}\_w}}$ 为搜索方向寻优问题的交叉算子中的交叉点处变量的下界；$l_{k_{\text{cross}}}^{S_{\text{cross}\_v}}$ 为搜索方向寻优问题的交叉算子中的交叉点处变量的下界；$u_{k_{\text{cross}}}^{S_{\text{cross}\_w}}$ 为搜索方向寻优问题的交叉算子中的交叉点处变量的上界；$u_{k_{\text{cross}}}^{S_{\text{cross}\_v}}$ 为搜索方向寻优问题的交叉算子中的交叉点处变量的上界。

中间变量 α、β、γ、δ 的表达式为

$$\alpha = \frac{a_{k_{\text{cross}}} - w_{k_{\text{cross}}}}{v_{k_{\text{cross}}} - w_{k_{\text{cross}}}}, \quad \beta = \frac{b_{k_{\text{cross}}} - v_{k_{\text{cross}}}}{w_{k_{\text{cross}}} - v_{k_{\text{cross}}}}, \quad \gamma = \frac{a_{k_{\text{cross}}} - v_{k_{\text{cross}}}}{w_{k_{\text{cross}}} - v_{k_{\text{cross}}}}, \quad \delta = \frac{b_{k_{\text{cross}}} - w_{k_{\text{cross}}}}{v_{k_{\text{cross}}} - w_{k_{\text{cross}}}}$$

$$(5.19)$$

单点算数交叉算子的 4 个中间变量 α，β，γ，δ 只与交叉点位置处的变量有关，与其他位置处的变量无关，与交叉点位置处的变量距离域约束上界、下界的远近成正比例。

5.4.3.4 变异算子

交叉算子为非一致变异算子。在计算变异后的新的个体运算中，域约束作为中间值参与非一致变异算子的迭代，从轮盘赌选择算子开始，不等式约束化为无约束，不等式约束没有参与中间迭代，域约束一直存在。新的个体只有变异处的变量与旧的个体不同，其他位置的变量与旧的个体相同。新的个体变异点处的变量只与有关旧的个体变异点的变量有关，与旧的个体其他位置的变量无关。

令 $m_{\text{mutation}} = N$，将第 t 代个体 $S_{\text{mutation}\_v}^{t} = (v_1, \cdots, v_{k_{\text{mutation}}}, \cdots, v_{m_{\text{mutation}}})$ 进行变异，k_{mutation} 是变异点，则变异后的新的个体为 $S_{\text{mutation}\_v}^{t+1} = (v_1, \cdots, v_{k_{\text{mutation}}}^{\text{new}}, \cdots, v_{m_{\text{mutation}}})$。令 $l_{k_{\text{mutation}}}^{S_{\text{mutation}\_v}} = a_{k_{\text{mutation}}}$，$u_{k_{\text{mutation}}}^{S_{\text{mutation}\_v}} = b_{k_{\text{mutation}}}$。其中，$m_{\text{mutation}}$ 为搜索方向寻优问题的变异算子的个数；t 为搜索方向寻优问题的个体遗传代数；k_{mutation} 为搜索方向寻优问题的变异算子中的变异点；$S_{\text{mutation}\_v}^{t}$ 为搜索方向寻优问题的变异算子中第 t 代一个个体；$S_{\text{mutation}\_v}^{t+1}$ 为搜索方向寻优问题的变异算子第 $t+1$ 代一个个体；$l_{k_{\text{mutation}}}^{S_{\text{mutation}\_v}}$ 为搜索方向寻优问题的交叉算子中的交叉点处变量的下界。

当某个随机数大于零时，有

$$v_{k_{\text{mutation}}}^{\text{new}} = v_{k_{\text{mutation}}} + (u_{k_{\text{mutation}}}^{S_{\text{mutation}\_v}} - v_{k_{\text{mutation}}}) \cdot (1 - \delta_{\text{mutation}}^{(1-\frac{t}{T})^{b_{\text{mutation}}}})$$
$$= v_{k_{\text{mutation}}} + (b_{k_{\text{mutation}}} - v_{k_{\text{mutation}}}) \cdot (1 - \delta_{\text{mutation}}^{(1-\frac{t}{T})^{b_{\text{mutation}}}}) \quad (5.20)$$

式中，δ_{mutation} ——搜索方向寻优问题的 $[0, 1]$ 变异算子中的随机数；

b_{mutation} ——搜索方向寻优问题的变异算子中的常数；

T ——搜索方向寻优问题的最大代数；

$v_{k_{\text{mutation}}}$ ——搜索方向寻优问题的第 t 代变异点处的变量；

$v_{k_{\text{mutation}}}^{\text{new}}$ ——搜索方向寻优问题的第 $t+1$ 代变异点处的变量；

$u_{k_{\text{mutation}}}^{S_{\text{mutation}\_v}}$——搜索方向寻优问题的交叉算子中的交叉点处变量的上界。

当某个随机数小于零时，有

$$v_{k_{\text{mutation}}}^{\text{new}} = v_{k_{\text{mutation}}} - \left(v_{k_{\text{mutation}}} - l_{k_{\text{mutation}}}^{S_{\text{mutation}\,v}} \right) \cdot \left(1 - \delta_{\text{mutation}}^{(1-t/T)^{b_{\text{mutation}}}} \right)$$

$$= v_{k_{\text{mutation}}} - \left(v_{k_{\text{mutation}}} - a_{k_{\text{mutation}}} \right) \cdot \left(1 - \delta_{\text{mutation}}^{(1-t/T)^{b_{\text{mutation}}}} \right) \quad (5.21)$$

5.4.3.5　概率修正

选择不同交叉概率 P_{cross} 与变异概率 P_{mutation}，遗传算法对带不等式约束的连续变量的函数的优化过程中所表现出来的性能和行为是截然不同的。交叉概率 P_{cross} 越大，新个体产生的速度越快。变异概率 P_{mutation} 越大，具有高适应度的个体结构破坏越快。交叉概率 P_{cross} 越小，搜索过程越慢。变异概率 P_{mutation} 越小，新的个体结构产生越慢。

当种群个体的适应度趋于一致时，令交叉概率 P_{cross} 与变异概率 P_{mutation} 增加。当种群个体的适应度比较分散时，令交叉概率 P_{cross} 与变异概率 P_{mutation} 减少。当平均适应度低于个体适应度时，这个个体的变异概率 P_{mutation} 和交叉概率 P_{cross} 均相对应地较小，应该让这个个体能够出现在新的种群中。当平均适应度高于个体适应度时，这个个体的变异概率 P_{mutation} 和交叉概率 P_{cross} 均相对应地较大，应该不让这个个体出现在新的种群中。

修正交叉概率与修正变异概率可以表示为

$$\begin{cases} P_{\text{cross\_correction}} = \begin{cases} \dfrac{\sigma_1 \left(F_{\text{fitness\_max}} - F_{\text{fitness\_cross}} \right)}{F_{\text{fitness\_max}} - F_{\text{fitness\_avg}}}, & F_{\text{fitness\_cross}} \geqslant F_{\text{fitness\_avg}} \\[4mm] \sigma_2, & F_{\text{fitness\_cross}} < F_{\text{fitness\_avg}} \end{cases} \\[10mm] P_{\text{mutation\_correction}} = \begin{cases} \dfrac{\sigma_3 \left(F_{\text{fitness\_max}} - F_{\text{fitness\_mutation}} \right)}{F_{\text{fitness\_max}} - F_{\text{fitness\_avg}}}, & F_{\text{fitness\_mutation}} \geqslant F_{\text{fitness\_avg}} \\[4mm] \sigma_4, & F_{\text{fitness\_mutation}} < F_{\text{fitness\_avg}} \end{cases} \end{cases}$$

$$(5.22)$$

式中，$P_{\text{cross\_correction}}$——搜索方向寻优问题的修正交叉概率；

$P_{\text{mutation\_correction}}$——搜索方向寻优问题的修正变异概率；

$F_{\text{fitness\_max}}$——搜索方向寻优问题的群体的最大适应度；

$F_{\text{fitness\_avg}}$——搜索方向寻优问题的群体的平均适应度；

$F_{\text{fitness\_cross}}$——搜索方向寻优问题的要交叉的两个个体较大的适应度；

$F_{\text{fitness\_mutation}}$——搜索方向寻优问题的要变异的个体的适应度。

需要较高的变异概率和交叉概率对较坏机能的个体进行修正，较坏机能的个体指的是在种群中平均适应度高于个体的适应度的个体。需要较小的变异概率和交叉概率对较好机能的个体进行修正，较好机能的个体指的是在种群中平均适应度低于个体的适应度的个体。需要将变异概率和交叉概率同时置零，对平均适应度等于个体适应度的个体进行修正。

在种群进化过程的后期，该修正策略能够取得良好的效果，然而在种群进化过程的前期，该修正策略则无法获得预想的效果。优于机能较好的个体在前期的进化过程中差不多总是保持微小波动的趋势，但优化的全局最优解不一定是这一刻的机能较好的个体，因此将导致进化过程朝着局部最优解的方向进行的概率提高。为了避免发生这种状况，需要进行一部分优化处理，确保不出现在进化种群中最大适应度个体的修正变异概率和修正交叉概率等于零的情况。通过以上处理，在进化过程的种群中的个体的修正变异概率和修正交叉概率将避免总是保持微小波动的趋势的情况，实际上增加了在进化过程的种群中机能较好的个体的修正变异概率和修正交叉概率。适应度高的个体被直接复制到新的种群中，有效地保证了具有优良性状的个体不被淘汰。搜索方向寻优问题的修正交叉概率和搜索方向寻优问题要变异的个体的适应度表达式如下：

$$
\begin{cases}
P_{\text{cross\_correction}} = \begin{cases} \gamma_1 - \dfrac{(\gamma_1 - \gamma_2)(F_{\text{fitness\_max}} - F_{\text{fitness\_cross}})}{F_{\text{fitness\_max}} - F_{\text{fitness\_avg}}}, & F_{\text{fitness\_cross}} \geqslant F_{\text{fitness\_avg}} \\[2mm] \gamma_1, & F_{\text{fitness\_cross}} < F_{\text{fitness\_avg}} \end{cases} \\[8mm]
F_{\text{fitness\_mutation}} = \begin{cases} \theta_1 - \dfrac{(\theta_1 - \theta_2)(F_{\text{fitness\_max}} - F_{\text{fitness\_mutation}})}{F_{\text{fitness\_max}} - F_{\text{fitness\_avg}}}, & F_{\text{fitness\_mutation}} \geqslant F_{\text{fitness\_avg}} \\[2mm] \theta_2, & F_{\text{fitness\_mutation}} < F_{\text{fitness\_avg}} \end{cases}
\end{cases}
$$

$$(5.23)$$

式中，$P_{\text{cross\_correction}}$——搜索方向寻优问题的修正交叉概率；

$F_{\text{fitness\_max}}$——搜索方向寻优问题的群体的最大适应度；

$F_{\text{fitness\_avg}}$——搜索方向寻优问题的群体的平均适应度；

$F_{\text{fitness\_cross}}$——搜索方向寻优问题的要交叉的两个个体较大的适应度；

$F_{\text{fitness\_mutation}}$——搜索方向寻优问题的要变异的个体的适应度。

5.4.4　混合算法流程

混合算法的流程如图 5.1 所示。其中，初始值 1 为初始可行点 x_Z（0），终止误差 ε_Z，$k = 0$。初始值 2 为最大进化代数 T，种群数 $M_{\text{population}}$，交叉概率 P_{cross}，变异概率 P_{mutation}，$t = 0$；随机生成 $M_{\text{population}}$ 个个体作为初始群体。最优值 1 为第 k 次迭代的下降容许方向 $d_Z(k)$。最优值 2 为等效因子 X_1_e，X_2_e，X_3_e。混合算法结合了搜索思维模式和学习思维模式。

混合算法步骤如下：

（1）给定初始可行点 $x_Z(0)$，终止误差 ε_Z，令 $k = 0$。

（2）在 $x_Z(k)$ 处，将不等式约束分为有效约束和非有效约束，即 $A_{Z1}(k) x_Z(k) = b_{Z1}(k)$，$A_{Z2}(k) x_Z(k) > b_{Z2}(k)$。

（3）求解问题

$$\min \quad Z(k) = \nabla f_Z (\boldsymbol{x}_Z(k))^{\mathrm{T}} d_Z(k)$$

$$\text{s. t.} \quad \begin{cases} A_{Z1} d_Z(k) \geqslant 0 \\ -1 \leqslant d_Z(i) \leqslant 1, 1 \leqslant i \leqslant n \end{cases}$$

最优解 $d_Z(k)$ 为第 k 次迭代的下降容许方向。

（4）置 $x(t) = d_Z(k)$，$f_{LP}(x(t)) = Z(k) = \nabla f_Z (\boldsymbol{x}_Z(k))^{\mathrm{T}} d_Z(k)$，$a_i = -1$，$b_i = 1$。

（5）给定最大进化代数 T，种群数 $M_{\text{population}}$，交叉概率 P_{cross}，变异概率 P_{mutation}，$t = 0$；随机生成 $M_{\text{population}}$ 个个体作为初始群体。

（6）对于群体中的每个个体分别计算其适应值 F_{fitness}。

（7）若满足终止条件 1：$t < T$，转步骤（13）。

（8）对种群中的每个个体计算选择概率 P_{select}，计算累积概率 $P_{\text{accumulate}}$，产生一个 [0，1] 区间的随机数。若该随机数小于 $P_{\text{accumulate}}(1)$，则选择第一个个体；若该随机数大于 $P_{\text{accumulate}}(k-1)$，而且随机数小于 $P_{\text{accumulate}}(k)$，则选择第 k 个个体。最好的个体得到多个复制，中等个体保持平稳，最差的个体死亡。

（9）根据选择概率 P_{select}，从群体中随机选择 $M_{\text{population}}$ 个个体，得到种群。

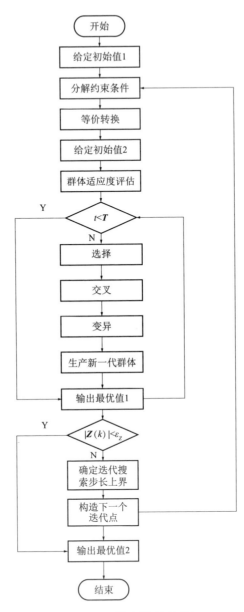

图 5.1 混合算法流程

（10）根据交叉概率 P_{cross}，对于新群体中的每个个体，产生一个 [0, 1] 区间的随机数，当该随机数小于 P_{cross} 时，则个体被选择进行交叉。从种群中选择个体进行交配；选择交配后的子代进入到新的群体，在新的群体中，将群体中未进行交配的个体直接复制。

（11）根据变异概率 P_{mutation}，每个个体的分量都有均等的机会变异，对群体中的每个个体的分量，产生一个 [0，1] 区间的随机数，当该随机数小于 P_{mutation} 时，个体的该分量进行变异。在变异的进行过程中，个体从新的群体中被选择，群体中原来的个体被变异后的个体替代。

（12）用新群体代替旧群体，$t = t + 1$，转步骤（6）。

（13）得到进化过程中的适应值 F_{fitness} 最大的个体，解码后 $x(t)$ 为最优值，输出 $x(t)$，即第 k 次迭代的下降容许方向 $d_Z(k)$。

（14）若满足终止条件 2：$|Z(k)| < \varepsilon_Z$，转步骤（19）。

（15）计算 $\bar{b}_Z(k) = b_{Z2}(k) - A_{Z2}(k)x_Z(k)$，$\bar{d}_Z(k) = A_{Z2}(k)d_Z(k)$。

（16）计算 $\bar{\alpha}_Z(k)$ 第 k 次迭代的搜索步长上界 $\bar{\alpha}_Z(k)$。

（17）求问题

$$\begin{cases} \min & f_Z(x_Z(k) + \alpha_Z(k)d_Z(k)) \\ \text{s. t.} & 0 \leqslant \alpha_Z(k) \leqslant \bar{\alpha}_Z(k) \end{cases}$$

最优解 $\alpha_Z(k)$ 为第 k 次迭代的搜索步长。

（18）置 $x_Z(k+1) = x_Z(k) + \alpha_Z(k)d_Z(k)$，$k = k + 1$，转步骤（2）。

（19）$x_Z(k)$ 为最优值，输出 $x_Z(k)$，即输出等效因子 X_1_e，X_2_e，X_3_e。

（20）结束。

5.5　应用效果

根据板形目标曲线动态调节模型开发功能模块 HYBALO，并在某 1 450mm 冷连轧厂对板形目标曲线动态调节功能进行现场测试。其中，模块 HYBALO 是基于 Hybrid Algorithms 生成的板形曲线系数等效因子计算功能块，按照预设定的调节策略，利用计算出的一次最优等效因子、二次最优等效因子和边部最优等效因子对初始板形目标曲线进行动态调节，使末机架出口带钢保持良好的板形。板形目标曲线动态调节功能是通过 SIMATIC TDC 控制器采用 CFC 组态语言附加到原有的板形控制系统中。计算模块 HYBALO 如图 5.2 所示。

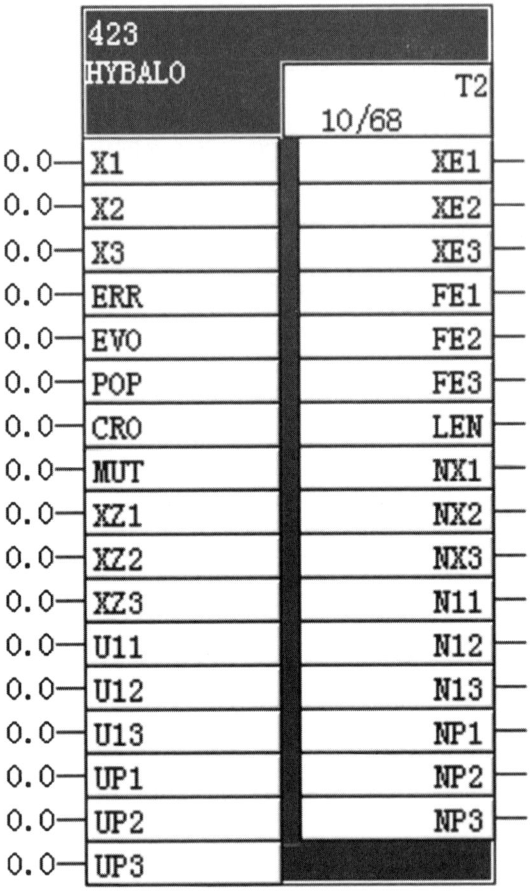

图 5.2　计算模块 HYBALO

图 5.2 中，X1 为一次系数，X2 为二次系数，X3 为边部系数，ERR 为终止误差，EVO 为最大进化代数，POP 为种群数，CRO 为交叉概率，MUT 为变异概率，XZ1 为初始可行迭代点一次系数分量，XZ2 为初始可行迭代点二次系数分量，XZ3 为初始可行迭代点边部系数分量，U11 为初代个体 1 一次系数分量，U12 为初代个体 1 二次系数分量，U13 为初代个体 1 边部系数分量，UP1 为初代个体 POP 一次系数分量，UP2 为初代个体 POP 二次系数分量，UP3 为初代个体 POP 边部系数分量，XE1 为一次系数等效因子，XE2 为二次系数等效因子，XE3 为边部系数等效因子，FE1 为一次系数下降容许方向分量，FE2 为二次系数下降容许方向分量，FE3 为边部系数下降容许方

向分量，LEN 为搜索步长上界，NX1 为下一个迭代点一次系数分量，NX2 为下一个迭代点二次系数分量，NX3 为下一个迭代点边部系数分量，N11 为下一代个体 1 一次系数分量，N12 为下一代个体 1 二次系数分量，N13 为下一代个体 1 边部系数分量，NP1 为下一代个体 POP 一次系数分量，NP2 为下一代个体 POP 二次系数分量，NP3 为下一代个体 POP 边部系数分量。

计算模块 HYBALO 的各个输入变量的初始值如表 5.1 所示。

表 5.1　计算模块 HYBALO 的初始值

变量名	初始值
U11	−1
U12	−1
U13	−1
UP1	1
UP2	1
UP3	1
ERR	e^{-9}
EVO	1 000
POP	100
CRO	0.60
MUT	0.07
XZ1	0
XZ2	0
XZ3	0

5.5.1　板形目标曲线动态调节模型消除对称板形缺陷的控制效果

前三组现场测试用于检验目标曲线智能补偿模型消除对称板形缺陷调节效果。第一组为不开启板形目标曲线动态调节时进行轧制并对轧制后的板形分布进行采样；第二组为开启板形目标曲线动态调节时进行轧制并对轧制后的板形分布进行采样；第三组为手动调节板形目标曲线时进行轧制并对轧制后的板形分布进行采样。消除对称板形缺陷的控制效果如图 5.3 所示。

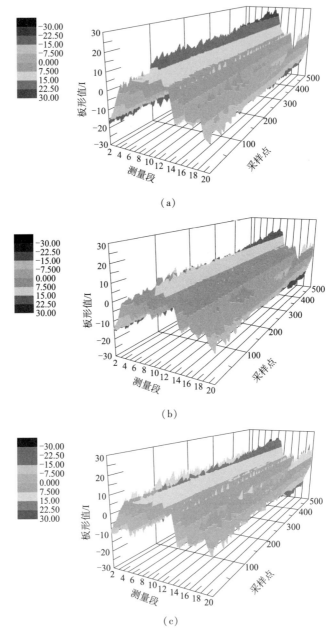

（a）

（b）

（c）

图 5.3　消除对称板形缺陷的控制效果

（a）不开启板形目标曲线动态调节时板形分布；（b）开启板形目标曲线动态调节时板形分布；（c）手动调节板形目标曲线时板形分布

第一组现场测试结果如图5.3（a）所示，不开启板形目标曲线动态调节时，中间两测量段平均板形值分别为17.51I、20.99I，中间部分测量段的板形值过大，中间部分测量段的压下量过大，中间部分测量段的带钢比较松，从而引起带钢中浪。第二组现场测试结果如图5.3（b）所示，开启板形目标曲线动态调节时，中间部分测量段与边部测量段均没有出现板形值过大的情况，即没有出现中浪与边浪。第三组现场测试结果如图5.3（c）所示，手动调节板形目标曲线时，操作侧最外边两测量段平均板形值分别为 - 4.55I、- 11.12I，边部测量段的板形值过大，边部测量段的压下量过大，边部测量段的带钢比较松，从而引起带钢边浪。

对比第一组与第二组现场测试结果，开启板形目标曲线动态调节时，中间两测量段平均板形值分别为12.69I、15.01I，中间两测量段平均板形值分别减小了4.82I、5.98I，减小了中间部分测量段过大的板形值，缓解了中间部分测量段压下量过大的情况，解决了中间部分测量段带钢比较松的问题，从而消除带钢中浪。

对比第一组与第三组现场测试结果，为了消除带钢中浪，对板形目标曲线系数进行手动修改，中间两测量段平均板形值分别为14.19I、17.02I，中间两测量段平均板形值分别减小了3.32I、3.97I，减小了中间部分测量段过大的板形值，缓解了中间部分测量段压下量过大的情况，解决了中间部分测量段带钢比较松的问题，从而消除带钢中浪。但是由于手动调节无法获得准确的修改量，过度调节导致出现带钢边浪。

对比第二组与第三组现场测试结果，开启板形目标曲线动态调节时，操作侧最外边两测量段平均板形值分别为 - 10.48I、- 15.15I，操作侧最外边两测量段平均板形值分别减小了5.93I、4.03I，减小了边部测量段过大的板形值，缓解了边部测量段压下量过大的情况，解决了边部测量段带钢比较松的问题，从而消除带钢边浪。

前三组现场测试结果各个测量段的平均板形值如图5.4所示。曲线a为不开启板形目标曲线动态调节时带钢平均板形值；曲线b为开启板形目标曲线动态调节时带钢平均板形值；曲线d为手动调节板形目标曲线时带钢平均板形值。

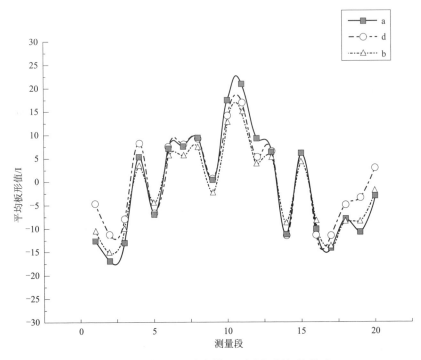

图 5.4　前三组测试的平均板形偏差分布

从图 5.4 可知，曲线 a 中间部分测量段的平均板形值过大，其两侧边部测量段的平均板形值保持在较低范围；曲线 b 中间部分测量段的平均板形值相对于曲线 a 有了大幅的下降，平均下降了 40.33%，其两侧边部测量段的平均板形有了小幅的上升，平均上升了 23.2%，由此说明板形目标曲线动态调节的中浪消除效率为 40.33%；曲线 d 中间部分测量段的平均板形值相对于曲线 a 有了小幅的下降，平均下降了 25.5%，其下降程度低于曲线 b 的下降程度，其两侧边部测量段的平均板形有了小幅的上升，平均上升了 55.9%，其上升程度高于曲线 b 的上升程度，由此说明手动调节板形目标曲线的中浪消除效率为 25.5%。手动调节板形目标曲线消除带钢中浪的能力比开启板形目标曲线动态调节消除带钢中浪的能力弱。在消除带钢中浪的过程中，手动调节板形目标曲线引起带钢边浪的可能性高于开启板形目标曲线动态调节引起带钢边浪的可能性。

5.5.2　轧制速度变化引起的板形偏差的调节效果

中间三组现场测试用于检验目标曲线智能补偿模型消除轧制速度变化引起的板形偏差的调节效果。

第四组为轧制速度 1 000m/min 且不开启板形目标曲线动态调节时板形偏差分布；第五组为轧制速度 800m/min 且不开启板形目标曲线动态调节时板形偏差分布；第六组为轧制速度 800m/min 且开启板形目标曲线动态调节时板形偏差分布。轧制速度变化引起的板形偏差的调节效果如图 5.5 所示。

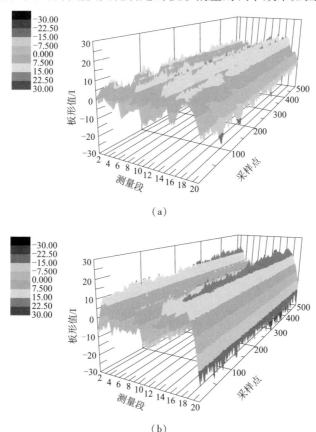

（a）

（b）

图 5.5　轧制速度变化引起的板形偏差的调节效果

（a）轧制速度 1 000m/min 且不开启板形目标曲线动态调节时板形偏差分布；（b）轧制速度 800m/min 且不开启板形目标曲线动态调节时板形偏差分布；（c）轧制速度 800m/min 且开启板形目标曲线动态调节时板形偏差分布；（d）中间三组平均板形偏差分布

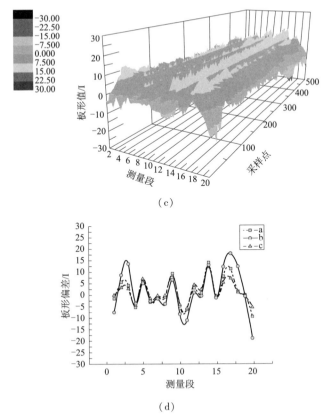

（c）

（d）

图 5.5　轧制速度变化引起的板形偏差的调节效果（续）

（a）轧制速度 1 000m/min 且不开启板形目标曲线动态调节时板形偏差分布；（b）轧制速度 800m/min 且不开启板形目标曲线动态调节时板形偏差分布；（c）轧制速度 800m/min 且开启板形目标曲线动态调节时板形偏差分布；（d）中间三组平均板形偏差分布

　　轧制速度对带钢板形质量的影响是至关重要的。中间三组现场测试结果分别如图 5.5（a）～（c）所示。对比第四组与第五组现场测试结果，相同规格的带钢，当轧制速度从 1 000m/min 下降到 800m/min 且不开启板形目标曲线动态调节时，轧制压力上升，带钢横向表面粗糙度无明显变化，而带钢轧制方向表面粗糙度上升，进入轧制变形区的乳化液减小，摩擦力增大，各个测量段的板形偏差增大，带钢板形质量下降。

　　对比第五组与第六组现场测试结果，相同规格的带钢，轧制速度均为 800m/min，板形目标曲线动态调节从关闭到开启，各个测量段的板形偏差减小，板形质量提高。对比第四组与第六组现场测试结果，相同规格的带钢，轧制速度从 1 000m/min 下降到 800m/min，板形目标曲线动态调节从关闭到开启，各个测量段的板形偏差变化较小，板形质量相差不大。

中间三组现场测试结果各个测量段的平均板形偏差值如图 5.5（d）所示。曲线 a 为轧制速度 1 000m/min 且不开启板形目标曲线动态调节时平均板形偏差分布；曲线 b 为轧制速度 800m/min 且不开启板形目标曲线动态调节时平均板形偏差分布；曲线 c 为轧制速度 800m/min 且开启板形目标曲线动态调节时平均板形偏差分布。曲线 b 各测量段的平均板形偏差相对于曲线 a 最大差值为 11.01I，最小差值为 0.17I，中位差值为 3.03I；曲线 c 各测量段的平均板形偏差相对于曲线 a 最大差值为 4.14I，最小差值为 0.11I，中位差值为 1.39I，说明轧制速度从 1 000m/min 下降到 800 m/min，通过板形目标曲线动态调节能够一定程度缓解降低轧制速度导致的板形偏差增大的状况，该模型对轧制速度变化有一定的补偿作用。在中间三组现场测试中，最大速度补偿效率为 72.19%，最小速度补偿效率为 15.31%，中位速度补偿效率为 54.05%，有效地保证了低速轧制的带钢板形质量。

5.5.3　出口厚度变化引起的板形偏差的调节效果

后三组现场测试用于检验目标曲线智能补偿模型消除末机架出口厚度变化引起的板形偏差的调节效果。第七组为末机架出口厚度为 1mm 且不开启板形目标曲线动态调节时板形偏差分布；第八组为末机架出口厚度为 0.36mm 且不开启板形目标曲线动态调节时板形偏差分布；第九组为末机架出口厚度为 0.36mm 且开启板形目标曲线动态调节时板形偏差分布。出口厚度变化引起的板形偏差的调节效果如图 5.6 所示。

末机架出口厚度对带钢板形质量的影响是至关重要的。后三组现场测试结果分别如图 5.6（a）～（c）所示。对比第七组与第八组现场测试结果，当末机架出口厚度从 1mm 下降到 0.36mm 且不开启板形目标曲线动态调节时，末机架出口厚度较薄的带钢板形偏差值较大，板形质量较低。对比第八组与第九组现场测试结果，末机架出口厚度均为 0.36mm，板形目标曲线动态调节从关闭到开启，各个测量段的板形偏差减小，板形质量提高。

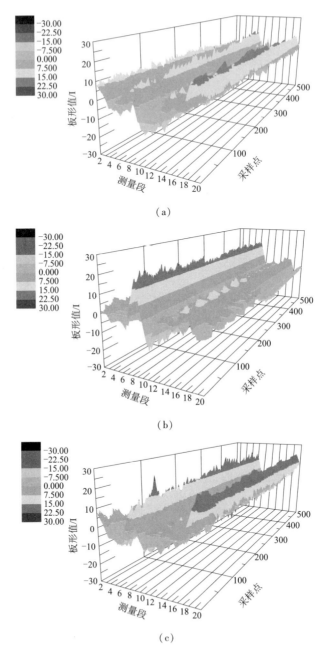

（a）

（b）

（c）

图 5.6　出口厚度变化引起的板形偏差的调节效果

（a）末机架出口厚度为 1mm 且不开启板形目标曲线动态调节时平均板形偏差分布；（b）末机架出口厚度为 0.36mm 且不开启板形目标曲线动态调节时平均板形偏差分布；（c）末机架出口厚度为 0.36mm 且开启板形目标曲线动态调节时平均板形偏差分布；（d）后三组平均板形偏差分布

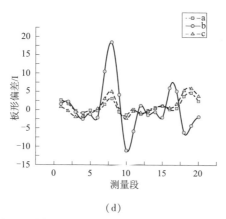

(d)

图5.6　出口厚度变化引起的板形偏差的调节效果（续）

（a）末机架出口厚度为1mm且不开启板形目标曲线动态调节时平均板形偏差分布；（b）末机架出口厚度为0.36mm且不开启板形目标曲线动态调节时平均板形偏差分布；（c）末机架出口厚度为0.36mm且开启板形目标曲线动态调节时平均板形偏差分布；（d）后三组平均板形偏差分布

对比第七组与第九组现场测试结果，末机架出口厚度从1mm下降到0.36mm，板形目标曲线动态调节从关闭到开启，各个测量段的板形偏差变化较小，板形质量相差不大。后三组现场测试结果各个测量段的平均板形偏差值如图5.6（d）所示。曲线a为末机架出口厚度为1mm且不开启板形目标曲线动态调节时平均板形偏差分布；曲线b为末机架出口厚度为0.36mm且不开启板形目标曲线动态调节时平均板形偏差分布；曲线c为末机架出口厚度为0.36mm且开启板形目标曲线动态调节时平均板形偏差分布。曲线b各测量段的平均板形偏差相对于曲线a最大差值为15.33I，最小差值为0.25I，中位差值为4.27I；曲线c各测量段的平均板形偏差相对于曲线a最大差值为1.94I，最小差值为0.22I，中位差值为0.89I，说明末机架出口厚度从1mm下降到0.36mm，通过板形目标曲线动态调节能够一定程度缓解降低末机架出口厚度导致的板形偏差增大的状况，该模型对带钢厚度变化有一定的补偿作用。在本组现场测试中，最大厚度补偿效率为98.37%，最小厚度补偿效率为59.14%，中位厚度补偿效率为74.65%，有效地保证了低厚度轧制的带钢板形质量。

5.6 本章小结

（1）提出了基于 Zoutendijk-GENOCOP 混合算法的目标曲线动态调节模型，求解了调节机构饱和状态下消除板形偏差所需的板形目标曲线干预量，成功解决了常规干预调节不平衡的问题。

（2）验证了动态调节模型消除对称性板形缺陷的调节效果。实验数据显示，动态调节模型作用下的中浪消除效率高达 40.33%，而常规干预作用下的中浪消除效率仅为 25.5%。动态调节模型能够有效改善板形控制系统消除对称性板形缺陷的效率。

（3）验证了不同轧制速度下动态调节模型的板形控制效果。实验数据显示，当轧制速度从 1 000m/min 下降到 800m/min 时，带钢的板形质量下降，采用动态调节模型能够有效缓解速度下降对板形造成的不良影响，其中最大速度补偿效率为 72.19%，动态调节模型确保了低速轧制时带钢的板形质量。

（4）验证了不同带钢厚度情况下采用动态调节模型的板形控制效果。实验数据显示，当带钢厚度从 1mm 下降到 0.36mm 时，带钢的板形质量下降，采用动态调节模型能够有效缓解带钢厚度下降对板形造成的不良影响，其中最大厚度补偿效率为 98.37%，动态调节模型确保了薄带钢轧制时带钢的板形质量。

第6章 板形控制系统的应用

有关板形控制系统协同优化分配策略、板形控制执行机构调节策略以及板形目标曲线动态调节模型的研究，本书的前几章已进行详细的阐述。本章以某 1 450mm 五机架冷轧机组为研究对象，主要介绍板形控制系统的硬件组态、数据通信方式以及板形操作界面的功能。同时，针对厚规格带钢、常规规格带钢以及薄规格带钢，对比分析优化前后板形控制系统的调节效果。

6.1 板形控制系统数据通信

TDC 的通信方式涵盖了现有的各种主流通信方式，如工业以太网、PROFIBUS DP 以及西门子专有的 MPI 通信方式。对于大系统多机架协作，TDC 系统提供了专有的 GDM 通信方式。

1. 本地通信

CPU 本地通信通常用于同一块 CPU 的内部通信，经常作为通信测试使用。CPU 本地通信不需要耦合模块，通过@ LOCAL 功能块在本地 CPU 存储器上开辟数据通信接口区，该接口区大小为 1MB。通过功能块 CRV/CTV 能够进行过程数据通信。功能块 CTV 的 AT 引脚定义发送通道名，功能块 CRV 的 AR 引脚定义接收通道名，功能块 SER 的 US 引脚处理发送及接收通道。每个数据通道需要一个唯一的通道名。发送方和接收方的通道名必须相同。在程序编译过程中，通道名是不被检查的。配置时需要为每一对发送/接收功能块配置相同的通道名，同时需要保证该通道名的唯一性。

2. 缓存耦合通信

在 $ 通信方式的弥补通信方式中，CPU 与 CPU 之间的大量数据传送主要通过缓存耦合通信。同一机架上的 CPU 与 CPU 之间的通信，必须组态 CP50M0 或 CP51M1，这样在存储器模板上可以提供 8MB 的存储缓冲区。在任意 CPU 中能够组态功能块 @ GLOB。在数据耦合之前需要由 @ GLOB 功能块初始化及监视数据耦合。功能块 @ GLOB 每个机架定义一次即可，对于所处 CPU 插槽位置没有特殊要求。同一机架中不同 CPU 之间的数据通信只能通过 @ GLOB 功能块。

6.2　板形控制系统在线诊断

借助 TDC 系统所提供的多种在线诊断方式，可以了解用户程序的运行状况及 CPU 的负荷率。由于 TDC 是一款多 CPU 处理系统，其提供的多 CPU 同时在线诊断功能有效地提高了系统编程、诊断、维护性能。

1. CPU 集成诊断接口在线诊断

在 CPU 模板上集成了一个 RS232 接口（X01）可以作为系统诊断。CPU 与 PC 之间的连接需要串行电缆 SC67 连接。使用集成接口诊断时需要将 PC/PG 的接口设定为 DUST1，根据电缆的连接情况选择 COM1/COM2。使用集成接口诊断时，不需要对用户程序进行修改。可以直接选择 CFC 编程环境中的 Test Mode 按键，实现对程序的在线监控。根据诊断的要求可以调整系统在线诊断的刷新频率。刷新频率会对 TDC 系统及 PC 产生影响。过快的刷新周期会过多地占用系统资源，会严重影响 PC 程序的响应及 TDC 系统的 CPU 负荷率。

2. MPI 在线诊断

通过 TDC 的 CP50M0 通信模板可以实现对机架中所有 CPU 的监控。与 CPU 集成诊断接口的通信方式不同，在使用 MPI 接口时需要在系统硬件配置中对该接口进行组态。在系统硬件组态中，对模板 CP50M0 的通信接口分配 MPI 地址，TDC 的 CP50M0 通信接口既可以组态 MPI 接口，也可以作为 PROFIBUS DP 接口。在 CFC 程序中对接口初始化。使用初始化功能块 @ MPI 对通信模板 CP50M0 接口 1 进行初始化。配置诊断维护功能块 SER，为通信接口提供服务功能。将系统的 PC/PG 设定为 MPI。

3. IE 在线诊断

利用 TDC 的以太网模板 CP51M1 可以实现机架中 CPU 的在线诊断。设定以太网通信模板 IP 地址。通信接口初始化。使用 @ TCP/IP 初始化通信通道，此功能块对每个通信耦合只需定义一次。为以太网接口配置 SER 块。将 PC/PG 设置为以太网接口。

4. 多 CPU 在线诊断

通过 MPI、IE 协议可以实现对单 CPU 的在线监控和诊断。由于 TDC 系统支持多 CPU 并行工作，传统的单 CPU 在线诊断不利于多 CPU 的协同诊断和维护。为了便于 TDC 系统的诊断和维护，TDC 系统通过 MPI 通信模板 CP50M0 或 IE 模板 CP51M1 可以实现对同一个机架中的多个 CPU 的在线监控。选择机架中任何一块 CPU 对 MPI 通信模板 CP50M0 通信接口 X1 进行初始化。SER 功能块主要对 TDC 系统提供启动、调试维护和诊断等功能，SER 功能块的服务对象主要是本地 CPU，其在通信模板 CP50M0 与本地 CPU 模板之间建立通信通道。因此，为了实现对多块 CPU 的通信诊断，必须对所有需要建立通信连接的 CPU 配置 SER 功能块，在 CPU1 及 CPU2 中都需要配置 SER 功能块。在 CPU2 中配置 SER 功能块，CTS 的连接对象与 CPU1 的相同，都是 CP50M0 的 X1 接口，US 通信地址的结构与 CPU1 的相同，不同的是 Channel-Name 需要唯一性，所指定的 CPUslot number 应该为 CPU2 所在的插槽位置。

与 MPI 通信方式类似，对于 IE 通信方式同样需要对以太网模板 CP51M1 初始化，在各个 CPU 程序中配置 SER 功能块，连接通信模板 CP51M1。在 CPU1 与 CPU2 中均需要添加 SER 功能块。

6.3　板形控制系统同步

TDC 提供了下列同步机制：机架时钟同步；CPU 的基本时钟与一个主 CPU 的基本时钟同步；CPU 的基本时钟与一个主 CPU 的中断任务时钟同步；CPU 的中断任务时钟与一个主 CPU 的中断任务同步；GDM 机架同步及同步失败后的响应。

1. 基本时钟与一个主 CPU 的基本时钟同步

在同一个机架中，CPU 的基本时钟可以通过背板总线 L – Bus 发送到总线中，其他 CPU 可以通过总线接收该时钟，通过 GDM 网络可以实现基本时钟的同步。在时钟的传输中，时钟的偏移是不可避免的，可以使用 DTS 功能块在线调整时钟偏移量。

2. 基本时钟与一个主 CPU 的中断任务时钟同步

一个 CPU 的中断任务的开始和结束，是可以初始化 L‑Bus 中断的。可以由其他 CPU 接收到并作为该 CPU 的基本时钟，其他的 CPU 可以是在同一个机架上的 CPU，也可以是通过 GDM 耦合的其他机架上的 CPU。

3. 中断任务时钟与一个主 CPU 的中断任务同步

通过初始化 L‑Bus 中断，在主 CPU 中断任务的开始和结束时来同步其他 CPU 的中断任务。其他 CPU 可以是在同一个机架上的 CPU，也可以是通过 GDM 耦合的其他机架上的 CPU。

6.4　板形控制系统数据传输

SIMATIC TDC 保证在不同周期的循环任务中所有数据的连续性。这就意味着在某一个任务中要传输的所有数据都是来自这个任务的同一个计算周期。在采样时间工程中，计算任务中的数据、任务结束后数据被导出存储在 CPU 的缓存中。当某一个任务开始时，需要的数据就会从缓存中导入。为保证数据的连续性，不能同时读写数据缓存区。

1. 数据传输在同一个 CPU 的同一任务中

在 TDC 系统中，功能块的每一个输出，CPU 都会在内存中分配给一个存储区域。功能块被系统处理后，输出值保存在该存储区中。功能块的输入从与之相连的功能块输出的存储区域中将输出值取出。为了减少这个存储时间即死区时间，系统会使用数据流的方式进行数据传输。首先计算作为其他功能块输入的功能块的输出。在同一个 CPU 的同一任务中，这时的死区时间是最小的。在同一任务中的 CFC 组态，只需要直接互连即可。

2. 数据传输在同一个 CPU 的不同任务中

数据传输在同一个 CPU 中的不同任务是通过 CPU 上的一个缓存系统来实现的。对于循环时间较快的循环任务发送数据给循环时间较慢的循环任务，在时间较慢的循环任务中可以观察到两种情况：一种是在循环时间较快的循环任务的数据变化无法检测，另一种就是可以通过增加脉冲延时功能块去检测到循环时间较快的循环任务延迟的数据变化。

6.5　板形控制系统硬件

SIMATIC TDC 处理器系统集成了模块化的多处理功能，可以安装单个或多个机架。CPU、I/O 模板和通信模板在任意机架上均有相应的插槽。

6.5.1　机架 UR5213

TDC 系统提供了标准的 21 槽机架；系统背板总线采用 64 位 VME 总线，有效提高了系统的高速响应能力及可靠性；每个机架最多可以同时支持 20 块 CPU 并行运行；机架已集成了系统电源及三组散热风扇。

机架 UR5213 如图 6.1 所示。集成电路装配有内部监视控制功能和冷却功能，同时适用于箱柜安装和墙壁安装。当一组风扇故障时，TDC 保护停机。当两组风扇故障时，TDC 保护停机。机架集成的电源集成有 20A 熔断器，这意味着只需要对外部的电源电缆进行保护。邻近的模板在安装时需要注意将其分别安装固定到相应的插槽中，每个模板均附有两个紧固螺丝钉。机架包含三组风扇对模板强制通风以及一组电源冷却风扇。机架无须安装空气过滤器。

图 6.1　机架 UR5213

6.5.2 中央处理单元 CPU551

中央处理单元 CPU551 适用于具有较高运算要求的开环和闭环控制任务。采用 64 位 RISC 技术设计，拥有一个 32MB 的用户存储器和插入式存储器模块。

中央处理单元 CPU551 如图 6.2 所示。在 CPU 中，循环任务的处理通常精准地依照可调的采样时间间隔。对于每个循环，操作系统本身只需要 50μs。CPU 集成有 4 个具有报警能力的数字量输入和 1 个诊断接口。

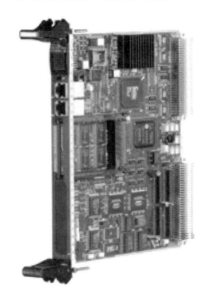

图 6.2　中央处理单元 CPU551

在正常的运行过程中，CPU 的编号将显示在 CPU 的 LED 屏上，而当故障/错误产生时，将显示故障代码。显示故障代码 A 表示用户错误。所有的 LED 点熄灭表示初始化过程，用户程序不运行。所有的 LED 点闪烁表示模板故障，用户程序不运行。显示故障代码闪烁的 0 表示本模板初始化错误，用户程序不运行。显示故障代码固定的 0 表示其他模板初始化错误，用户程序不运行。显示故障代码 b 表示监测错误，用户程序运行。低优先级的错误，允许标准的操作运行。备份电池缺失或电池电压过低，风扇故障，Program Memory 没有插入。显示故障代码 C 表示通信故障，用户程序运行。显示故障代码 d 表示用户停止，用户程序不运行。显示故障代码 E 表示系统任务管理故障，用户程序运行。循环周期错误，一个任务没有在标准的任务周期中完成。如果一高优先级的任务在运行时没有被标记，则该任务需要重新执行。没有空余的 Local buffer，数据缓存不足，任务无法启动。如果基础采样时间连续 4 次没有运行，那么 basis clock cycle 时间重新初始化。显示故障代码 H 表示系统故障，用户程序停止运行。

6.5.3　通信模板 CP50M0

通信模板 CP50M0 能够进行高质量的数据通信，可以用于过程控制、与 HMI 的通信和程序调试；可以控制功能强大的协议，如 MPI 和 PROFIBUS DP；集成了 8MB 通信缓存。

通信模板 CP50M0 如图 6.3 所示。通信模板 CP50M0 集成 6 个 LED，LED 点 H1 和 H2 显示模板状态。LED 点 H3 和 H4 显示接口状态 X1。LED 点 H5 和 H6 显示接口状态 X2。通信模板 CP50M0 的运行状态如表 6.1 所示。

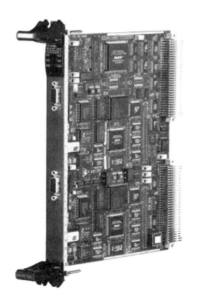

图 6.3　通信模板 CP50M0

表 6.1　CP50M0 运行状态

LED	显示	状态
H3（绿）	亮	接口 X1 初始化
	闪烁 5Hz	故障 读取 @ RPODP 功能块输出错误代码
	闪烁 1Hz	初始化通信模板与 CPU 连接 检测 @ RPODP 组态
	暗	连接的 CPU 模板没有运行
H4（黄）	亮	接口 X1 数据传输
	闪烁 5Hz	Bus 故障 检测总线电缆及其他节点
	闪烁 1Hz	初始化通信模板与 CPU 连接 检测 @ RPODP 组态
	闪烁 0.5Hz	CFC 与 COM 组态不匹配
	暗	没有总线操作，没有数据传输
H5（绿）	亮	接口 X2 初始化完成
	闪烁 5Hz	故障 读取 @ RPODP 功能块输出的错误代码
	闪烁 1Hz	初始化通信模板与 CPU 连接 检测 @ RPODP 组态
	暗	连接的 CPU 模板没有运行
H6（黄）	亮	接口 X2 数据传输
	闪烁 5Hz	Bus 故障 检测总线电缆及其他节点
	闪烁 1Hz	初始化通信模板与 CPU 连接 检测 @ RPODP 组态
	闪烁 0.5Hz	CFC 与 COM 组态不匹配
	暗	没有总线操作，没有数据传输

6.5.4　通信模板 CP51M1

通信模板 CP51M1 为工业以太网模板，集成 8MB 通信缓存。其主要功能包括同步时钟、数据缓存的提供、在线诊断 CPU、与 WinCC 通信、与第三方数据交换、机架间以太网通信。

通信模板 CP51M1 的 LED 指示灯可以显示模板的运行状态与网络的状态，如表 6.2 所示。

表 6.2　CP51M1 状态

LED 显示		状态
H1（绿）暗	H2（红）暗	模板没有运行
H1（绿）暗	H2（红）亮	没有初始化
H1（绿）亮	H2（红）暗	完成初始化
H1（绿）亮	H2（红）亮	模板电源故障
H3（绿）亮		至少一个全双工的连接
H4（黄）亮		数据传输中
H5（绿）亮		100Mbps 以太网
H5（绿）闪烁		模板在自适应
H6（绿）亮		模板连接到交换机
H7（绿）暗	H8（黄）暗	模板没有上电
H7（绿）暗	H8（黄）亮	停止运行
H7（绿）闪烁	H8（黄）暗	正在启动
H7（绿）亮	H8（黄）暗	启动完毕

6.6　板形控制系统功能

冷轧板形控制系统的软件包括板形控制系统 TDC 程序和板形控制系统 HMI 程序。中断任务 I1 触发来自板形辊的中断信号。中断任务 I2 用于处理板形测量值。循环任务 T1 用于提供过程数据。循环任务 T2 用于前馈控制和反馈控制。循环任务 T4 用于数据通信。

6.6.1 板形控制系统主界面功能

板形控制系统主界面能够实时显示板形控制效果，而且根据实际生产需要对成品带钢的最终板形进行设定，同时配备了工作辊弯辊控制、中间辊弯辊控制、工作辊倾斜控制、中间辊横移控制以及工作辊分段冷却控制的使能开关。在此基础上，其分配了工作辊弯辊控制、中间辊弯辊控制、工作辊倾斜控制、中间辊横移控制以及工作辊分段冷却控制手动调节量接口。

在带材板形测量值、板形目标曲线以及板形偏差显示界面中，每一段的板形偏差表示每一段的板形目标设定值与每一段的板形测量值的差值。例如第 3 段板形设定值为 $-25I$，板形测量值为 $-22I$，则第 3 段的板形偏差为 $-3I$，板形偏差越小说明板形控制精度越高。

板形控制主界面如图 6.4 所示。在板形目标曲线显示界面中，设置了一次线性系数修正、二次系数修正和边部系数修正的接口。在一次线性系数修正接口中，一种修正模式以 0.1 为单位调整，用于保证修正的精度；另一种修正模式以 0.5 为单位调整，用于保证修正的速度。线性修正系数接口主要用于调节单边浪。当操作侧板形较松时，增大线性系数，令板形控制系统将操作侧的板形往减小的方向调节；当传动侧板形较松时，减小线性系数，令板形控制系统将传动侧的板形往增加的方向调节。在二次系数修正接口中，一种修正模式以 0.1 为单位调整，用于保证修正的精度；另一种修正模式以 0.5 为单位调整，用于保证修正的速度。二次系数修正接口主要用于调节中浪和双边浪，当中间部分板形较松时，增大二次修正系数，令板形控制系统将中间部分板形往减小的方向调节；当两侧部分板形较松时，减小二次修正系数，令板形控制系统将两侧部分板形往减小的方向调节。在边部系数修正接口中，一种修正模式以 0.1 为单位调整，用于保证修正的精度；另一种修正模式以 0.5 为单位调整，用于保证修正的速度。边部系数修正主要影响两侧最外部分的测量段。

6.6.2 板形控制系统调节流程界面功能

在板形控制系统调节流程界面中，根据带钢宽度能够计算出实际占用

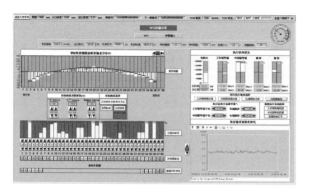

图 6.4　板形控制主界面

的总的测量段个数，在每一个占用的测量段上都有板形辊发送的测量板形值，通过一次系数、二次系数以及边部系数来确定目标板形值，板形偏差是测量板形值与目标板形值之差。各个板形调节机构的主要目标是通过输出控制算法计算出的最优调节量使板形偏差达到最小值，板形偏差越小表明板形控制精度越高。各个调节机构的板形调节系数和所有占用的测量段的板形偏差作为计算最优调节量的初始值，通过闭环控制算法得到各个调节机构的最优调节量。

板形控制系统调节流程如图 6.5 所示。在动态增益系数确定之前，需要对滞后时间的公式进行推导。有两种方法确定滞后时间的公式：一种是通过板形测量辊的触发周期来计算；另一种是通过轧制速度来计算。

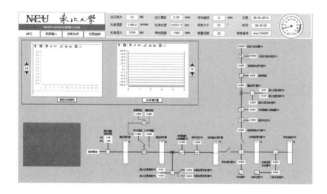

图 6.5　板形控制系统调节流程

板形闭环控制中时滞的产生主要由执行器响应时间、带钢窜动时间、

测量延时时间三部分组成，即

$$t = t_1 + t_2 + t_3 = L(v) \qquad (6.1)$$

式中，t——板形闭环控制系统延时时间；

t_1——执行器延时时间；

t_2——带钢窜动时间；

t_3——测量延时时间。

由于这三个时间都是和带钢速度有关，因此可表示为与速度有关的函数。滞后时间公式的确定是通过板形辊的触发周期计算得到的，即

$$\tau = \frac{l}{2\pi R}t \qquad (6.2)$$

式中，R——板形测量辊半径；

t——触发周期。

轧制速度是增益系数的影响因素之一。随着轧制过程的进行，轧制速度是动态变化的，因为对增益系数的变化产生影响。由于 1 450mm 五机架轧机采用的板形控制系统是功效系数闭环控制系统，因此在计算速度增益时将对板宽上的 20 个测量点使用不同的动态增益因子。冷轧机的 20 个特征点的动态因子的获得是经过现场实验测量的，即

$$k\_\mathrm{fact} = [0.3,\ 0.4,\ 0.5,\ 0.3,\ 0.3,\ 0.5,\ 0.3,\ 0.3,\ 0.3,\ 0.5,\ 0.4,$$
$$0.5,\ 0.4,\ 0.4,\ 0.4,\ 0.4,\ 0.4,\ 0.4,\ 0.3,\ 0.3] \qquad (6.3)$$

由此可得到速度增益系数：

$$kp\_v\,[n] = \frac{k\_\mathrm{fact}\,[n] \times t\_\mathrm{trig} \times t\_\mathrm{cycle}}{t\_\mathrm{delay}\,[n] + t\_\mathrm{cycle} \times (\tau + 0.5\,(1 + t\_\mathrm{trig} + t\_\mathrm{aver}))}$$
$$(6.4)$$

式中，$kp\_v\,[n]$ ——速度增益系数；

t_trig——触发周期；

t_cycle——板形测量周期；

$t\_\mathrm{delay}\,[n]$ ——响应延时时间；

t_aver——平均周期。

确定触发周期 t_trig 和平均周期 t_aver 可根据轧制实际速度进行线性插值。响应延时时间在板带宽度方向上的延时系数通过测试，得到如下

系数：

$$t\_delay = [1.0, 0.1, 0.2, 0.3, 0.3, 0.2, 0.3, 0.3, 0.5, 0.5, 0.4,$$
$$0.4, 0.5, 0.5, 0.4, 0.4, 0.4, 0.4, 1.0, 1.0] \tag{6.5}$$

根据调节系数模型，分别计算出各执行器的调节量，就可计算出板形偏差对增益系数 $kp\_dev\,[n]$ 的影响。通过对某 1 450mm 五机架轧机的现场测试，得到最大和最小的板形偏差增益系数。

在冷轧过程中，金属不仅发生着塑性变形，在入口和出口处还有弹性变形，这给数值计算带来了很大的困难。目前，工程上最常用的计算轧制力与金属变形之间关系的公式是 Bland-Ford-Hill 模型。轧制力的计算涉及众多参数，不仅其中一些参数本身很难确定，而且计算公式本身对轧制过程进行了一定的简化处理，因此其计算结果与实际往往存在较大的偏差，需要反复地修正才能够达到理想的结果。

1 450mm 轧机在变增益系数中考虑了轧制力波动的影响，在使用轧制力计算时，对轧制力进行了滤波，即

$$F_{\text{filt}} = \frac{F_{\text{filt}} \times n + F_{\text{act}}}{n + 1} \tag{6.6}$$

式中，F_{filt}——滤波后的轧制力；

F_{act}——实际轧制力；

n——滤波步数。

在对轧制力滤波后，用轧制力计算材料的弹性模量：

$$M_c = \frac{F_{\text{filt}}}{2 \times (h_{\text{in}} - h_{\text{out}})} \times \frac{h_{\text{out}} \times w_{\text{strip}}}{h_{\text{out}} \times w_{\text{strip}} + F_{\text{filt}} \times k} \tag{6.7}$$

式中，M_c——计算弹性模量常数；

h_{in}——带钢入口厚度；

h_{out}——带钢出口厚度；

w_{strip}——带钢宽度；

k——常数，$k = 2.4 \times 10^8 (\text{m}^2/\text{kN})$。

由此可得到材料弹性模量增益系数为

$$k_{p\_cm} = \frac{M_c}{3 \times 10^7 \times w_{\text{strip}}} \tag{6.8}$$

式中，k_{p_cm}——弹性模量增益系数。

由此可得到板形控制系统的变增益系数为

$$k_{\mathrm{gain}}[n] = k_{\mathrm{static}}[n] \times k_{p\_v}[n] \times k_{p\_dev}[n] \times k_{p\_cm} \qquad (6.9)$$

式中，$k_{\mathrm{gain}}[n]$——动态变增益系数；

$\quad\quad k_{\mathrm{static}}[n]$——静态增益系数；

$\quad\quad n$——带钢 20 个测量点。

经过实验测量 20 个特征点的静态增益系数为

$$k_{\mathrm{static}}[20] = [0.0, 1.0, 1.0, 0.5, 0.5, 1.0, 0.2, 0.2, 0.2, 1.0,$$
$$0.2, 0.2, 0.5, 0.5, 0.5, 0.2, 0.2, 0.2, 0.2, 0.2]$$
$$(6.10)$$

将板形误差分布转换成有载辊缝内压力变化量的分布，即

$$\begin{cases} \Delta p_i = \xi \cdot \Delta \Sigma_i = \xi \cdot (\Sigma_i^m - \Sigma_i^t) \\[2mm] \xi = -\dfrac{l \cdot b}{1.0 - \dfrac{R \cdot \vartheta}{2l^2}} \cdot \dfrac{E}{10^5} \cdot \dfrac{1}{1\,000} \\[2mm] l = \sqrt{R[(h_{\mathrm{in}} - h_{\mathrm{out}}) + \vartheta]} \\[2mm] \vartheta = \dfrac{16 \cdot (1 - v^2)}{\pi E} \cdot \dfrac{P \times 1\,000}{W} \end{cases} \qquad (6.11)$$

式中，$\Delta \Sigma_i$——第 i 个单元上的板形误差，Ⅰ；

$\quad\quad \Sigma_i^m,\ \Sigma_i^t$——第 i 单元上的实测板形值和设定的目标板形值，IU；

$\quad\quad h_{\mathrm{in}},\ h_{\mathrm{out}}$——入口和出口带钢厚度，mm；

$\quad\quad l,\ \vartheta$——中间变量；

$\quad\quad W$——带钢宽度，mm；

$\quad\quad P$——实测轧制力，kN；

$\quad\quad \xi$——板形误差转换系数，kN/Ⅰ；

$\quad\quad b$——测量段宽度大小，mm；

$\quad\quad R$——工作辊半径，mm；

$\quad\quad v$——带钢的泊松比；

$\quad\quad E$——带钢的弹性模量，MPa。

得到的板形调控机构修正量都是在允许控制范围内的最优调节量，但

是在输出到液压控制系统之前还需要考虑板形执行机构的响应时间、调节速度以及控制周期时间等因素的影响。板形调控机构的调节速度由下式给出:

$$v = \frac{\alpha}{t_r + \dfrac{\zeta \cdot d}{V_s}} \tag{6.12}$$

式中, v——执行机构的调节速度, kN/s;

α——执行机构的反馈修正量, kN;

t_r——执行机构的响应时间, s;

V_s——带钢速度, m/s;

d——末机架出口到板形辊之间的距离, m;

ζ——修正系数。

如果执行机构反馈修正量 x 为负值,那么调节速度 v 也为负值,这里负的调节速度表示板形执行机构的调控量向减小方向变化。对计算得到的执行机构调节速度还需要作以下的判断,即

$$v = \begin{cases} v, & -v_a \leqslant v \leqslant v_a \\ v_a, & v > v_a \\ -v_a, & v < -v_a \end{cases} \tag{6.13}$$

其中,执行机构允许的最大调节速度与当前的轧制速度有关,由下式给出:

$$v_a = v_{max} \cdot \frac{V_s}{V_{max}} \tag{6.14}$$

式中, v_a ——在安全范围内执行机构允许的最大调节速度, kN/s;

v_{max}——执行机构在设备允许条件下的最大调节速度, kN/s;

V_{max}——最大轧制速度, m/s。

每个控制周期内执行机构所能完成的调节量可以由下式计算:

$$\alpha' = \int_0^t v \mathrm{d}t \tag{6.15}$$

式中, α'——板形调控机构液压控制系统的绝对修正量, kN;

t——控制周期时间, s。

板形调控机构的液压控制系统使用 α' 值直接进行控制调节。

6.6.3 板形控制系统调节参数界面功能

板形控制系统调节参数如图 6.6 所示。板形控制系统的控制参数包括设备几何参数、调节机构上限、调节机构下限、周期补偿、动作死区、板形测量系统状态、板形控制系统运行状态。

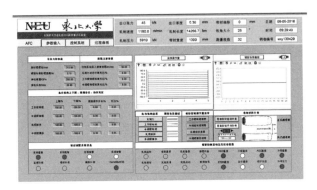

图 6.6 板形控制系统调节参数

6.7 板形控制效果分析

在 1 450mm 五机架轧机冷连轧现场，分别轧制三种典型的薄规格带钢，并将实验数据进行对比分析。其中，设备几何参数如表 6.3 所示，控制参数如表 6.4 所示，调节极限参数如表 6.5 所示，板形控制到液压辊缝控制通信变量如表 6.6 所示，板形控制到主令控制通信变量如表 6.7 所示，液压辊缝控制到板形控制通信变量如表 6.8 所示，实验带钢规格如表 6.9 所示。

表 6.3 设备几何参数

参数名	参数值
板形辊直径 1mm	98
辊缝与板形辊距离/m	2.15
弹性模量/GPa	205
弹性系数/$(N \cdot m^{-1})$	20

表6.4　控制参数

参数名	参数值
控制系统投入速度极限/$(m \cdot min^{-1})$	313
轧制力波动补偿死区/%	0.6
工作辊弯辊前馈死区/%	0.5
中间辊弯辊前馈死区/%	0.5

表6.5　调节极限参数

调节机构	上限/%	下限/%	周期步长/%	死区/%
工作辊弯辊	100	−100	0.6	0.05
中间辊弯辊	100	−100	0.3	0.05
轧辊倾斜	100	−100	1	0.05
中间辊横移	100	−100	0.1	0.05

表6.6　板形控制到液压辊缝控制通信变量

变量名	数据类型	通道名
计数器	int	AFC2HGC
工作辊弯辊手动增加	bit	AFC2HGC
中间辊弯辊手动增加	bit	AFC2HGC
轧辊倾斜手动增加	bit	AFC2HGC
中间辊横移手动增加	bit	AFC2HGC
工作辊弯辊手动减小	bit	AFC2HGC
中间辊弯辊手动减小	bit	AFC2HGC
轧辊倾斜减小	bit	AFC2HGC
中间辊横移减小	bit	AFC2HGC
工作辊弯辊附加设定值/kN	real	AFC2HGC
中间辊弯辊附加设定值/kN	real	AFC2HGC
轧辊倾斜附加设定值/μm	real	AFC2HGC
中间辊横移附加设定值/mm	real	AFC2HGC

表6.7　板形控制到主令控制通信变量

变量名	数据类型	通道名
计数器	int	AFC2MM
工作辊弯辊反馈控制选用	bit	AFC2MM
中间辊弯辊反馈控制选用	bit	AFC2MM
轧辊倾斜反馈控制选用	bit	AFC2MM
分段冷却反馈控制选用	bit	AFC2MM
轧辊横移反馈控制选用	bit	AFC2MM
工作辊弯辊前馈控制选用	bit	AFC2MM
中间辊弯辊前馈控制选用	bit	AFC2MM
工作辊弯辊反馈控制激活	bit	AFC2MM
中间辊弯辊反馈控制激活	bit	AFC2MM
轧辊倾斜反馈控制激活	bit	AFC2MM
分段冷却反馈控制激活	bit	AFC2MM
轧辊横移反馈控制激活	bit	AFC2MM
工作辊弯辊前馈控制激活	bit	AFC2MM
中间辊弯辊前馈控制激活	bit	AFC2MM
第一个测量段数	int	AFC2MM
最后一个测量段数	int	AFC2MM
38个测量段板形值/I	real	AFC2MM

表6.8　液压辊缝控制到板形控制通信变量

变量名	数据类型	通道名
工作辊弯辊手动信号	bit	HGC2AFC
中间辊弯辊手动信号	bit	HGC2AFC
轧辊倾斜手动信号	bit	HGC2AFC

变量名	数据类型	通道名
中间辊横移手动信号	bit	HGC2AFC
工作辊弯辊手动清零	bit	HGC2AFC
中间辊弯辊手动清零	bit	HGC2AFC
轧辊倾斜手动清零	bit	HGC2AFC
轧辊横移手动清零	bit	HGC2AFC
轧制力实际值/kN	real	HGC2AFC
轧制力设定值/kN	real	HGC2AFC
工作辊弯辊实际值/kN	real	HGC2AFC
中间辊弯辊实际值/kN	real	HGC2AFC
轧辊倾斜实际值/μm	real	HGC2AFC
中间辊横移实际值/mm	real	HGC2AFC
工作辊弯辊设定值/kN	real	HGC2AFC
中间辊弯辊设定值/kN	real	HGC2AFC
轧辊倾斜设定值/μm	real	HGC2AFC
中间辊横移设定值/mm	real	HGC2AFC

表 6.9　实验带钢规格

实验组	带钢规格/mm	钢种
1	$3.5 \times 1\,250 \rightarrow 0.88 \times 1\,250$	SPCC
2	$2.5 \times 1\,250 \rightarrow 0.58 \times 1\,250$	SPCC
3	$2.2 \times 1\,250 \rightarrow 0.28 \times 1\,250$	SPCC

6.7.1　厚规格带钢板形控制效果

厚规格带钢（$3.5 \times 1\,250 \rightarrow 0.88 \times 1\,250$）在优化前的板形控制系统中的控制效果如图 6.7 所示。

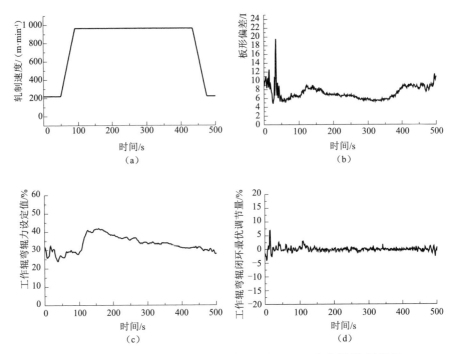

图 6.7　厚规格带钢在优化前的板形控制系统中的控制效果

在第一组实验中，轧制速度分别经历了升速轧制阶段、高速轧制阶段以及降速轧制阶段。其中，在优化后的板形控制系统中，升速轧制阶段占整个轧制过程的 14%，高速轧制阶段占整个轧制过程的 73%，降速轧制阶段占整个轧制过程的 13%。升速轧制阶段的平均板形偏差为 7.23I，高速轧制阶段的平均板形偏差为 5.66I，降速轧制阶段的平均板形偏差为 8.39I，整个轧制过程的平均板形偏差为 6.25I。

在优化前的板形控制系统中，升速轧制阶段占整个轧制过程的 17%，高速轧制阶段占整个轧制过程的 69%，降速轧制阶段占整个轧制过程的 14%。升速轧制阶段的平均板形偏差为 7.49I，高速轧制阶段的平均板形偏差为 6.91I，降速轧制阶段的平均板形偏差为 8.85I，整个轧制过程的平均板形偏差为 7.27I。

厚规格带钢（3.5 × 1 250→0.88 × 1 250）在优化后的板形控制系统中的控制效果如图 6.8 所示。

优化后的板形控制系统的升速轧制阶段的平均板形偏差比优化前的板

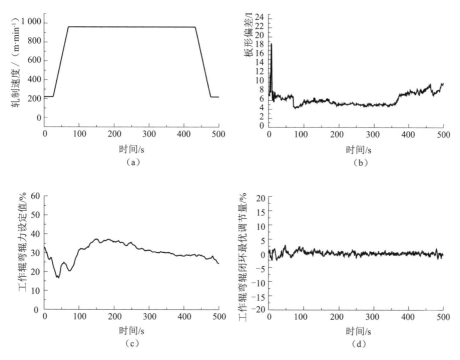

图 6.8 厚规格带钢在优化后的板形控制系统中的控制效果

形控制系统的升速轧制阶段的平均板形偏差减小了 0.26I，表明升速轧制阶段的控制精度提高了 3.11%。优化后的板形控制系统的高速轧制阶段的平均板形偏差比优化前的板形控制系统的高速轧制阶段的平均板形偏差减小了 1.25I，表明高速轧制阶段的控制精度提高了 18.09%。优化后的板形控制系统的降速轧制阶段的平均板形偏差比优化前的板形控制系统的降速轧制阶段的平均板形偏差减小了 0.46I，表明降速轧制阶段的控制精度提高了 5.19%。优化后的板形控制系统的整个轧制过程的平均板形偏差比优化前的板形控制系统的整个轧制过程的平均板形偏差减小了 1.02I，表明整个轧制过程的控制精度提高了 14.03%。

6.7.2 常规规格带钢板形控制效果

常规规格带钢（2.5×1 250→0.58×1 250）在优化前的板形控制系统中的控制效果如图 6.9 所示。

常规规格带钢（2.5×1 250→0.58×1 250）在优化后的板形控制系统

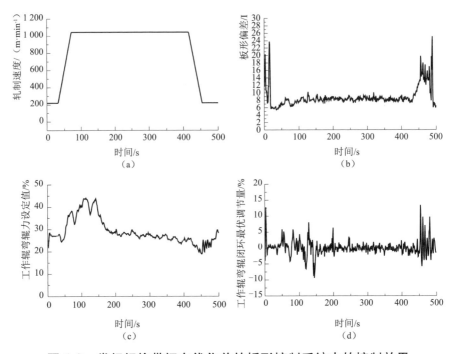

图 6.9 常规规格带钢在优化前的板形控制系统中的控制效果

中的控制效果如图 6.10 所示。

在第二组实验中，轧制速度分别经历了升速轧制阶段、高速轧制阶段以及降速轧制阶段。其中，在优化后的板形控制系统中，升速轧制阶段占整个轧制过程的 15%，高速轧制阶段占整个轧制过程的 72%，降速轧制阶段占整个轧制过程的 13%。升速轧制阶段的平均板形偏差为 8.23I，高速轧制阶段的平均板形偏差为 6.98I，降速轧制阶段的平均板形偏差为 7.91I，整个轧制过程的平均板形偏差为 7.29I。

在优化前的板形控制系统中，升速轧制阶段占整个轧制过程的 14%，高速轧制阶段占整个轧制过程的 69%，降速轧制阶段占整个轧制过程的 17%。升速轧制阶段的平均板形偏差为 8.33I，高速轧制阶段的平均板形偏差为 8.19I，降速轧制阶段的平均板形偏差为 11.46I，整个轧制过程的平均板形偏差为 8.77I。

优化后的板形控制系统的升速轧制阶段的平均板形偏差比优化前的板形控制系统的升速轧制阶段的平均板形偏差减小了 0.10I，表明升速轧制阶

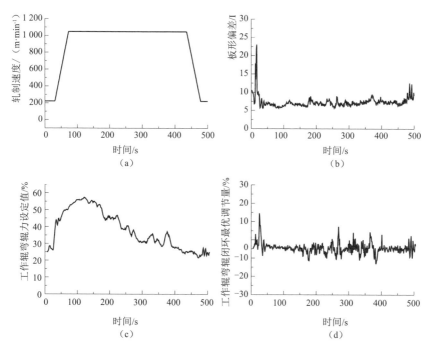

图 6.10　常规规格带钢在优化后的板形控制系统中的控制效果

段的控制精度提高了 1.20% 。优化后的板形控制系统的高速轧制阶段的平均板形偏差比优化前的板形控制系统的高速轧制阶段的平均板形偏差减小了 1.21I，表明高速轧制阶段的控制精度提高了 14.78% 。优化后的板形控制系统的降速轧制阶段的平均板形偏差比优化前的板形控制系统的降速轧制阶段的平均板形偏差减小了 3.55I，表明降速轧制阶段的控制精度提高了 30.98% 。优化后的板形控制系统的整个轧制过程的平均板形偏差比优化前的板形控制系统的整个轧制过程的平均板形偏差减小了 0.85I，表明整个轧制过程的控制精度提高了 9.69% 。

6.7.3　薄规格带钢板形控制效果

在第三组实验中，轧制速度分别经历了升速轧制阶段、高速轧制阶段以及降速轧制阶段。其中，在优化后的板形控制系统中，升速轧制阶段占整个轧制过程的 12%，高速轧制阶段占整个轧制过程的 74%，降速轧制阶段占整个轧制过程的 14%。升速轧制阶段的平均板形偏差为 8.11I，高速轧制阶段的平均板形偏差为 7.29I，降速轧制阶段的平均板形偏差为 11.72I，整个轧制过程的平均板形偏差为 8.02I。

在优化前的板形控制系统中，升速轧制阶段占整个轧制过程的 16%，高速轧制阶段占整个轧制过程的 68%，降速轧制阶段占整个轧制过程的 16%。升速轧制阶段的平均板形偏差为 9.44I，高速轧制阶段的平均板形偏差为 7.83I，降速轧制阶段的平均板形偏差为 12.63I，整个轧制过程的平均板形偏差为 8.87I。优化后的板形控制系统的升速轧制阶段的平均板形偏差比优化前的板形控制系统的升速轧制阶段的平均板形偏差减小了 1.33I，表明升速轧制阶段的控制精度提高了 14.09%。

薄规格带钢（2.2×1 250→0.28×1 250）在优化前的板形控制系统中的控制效果如图 6.11 所示。

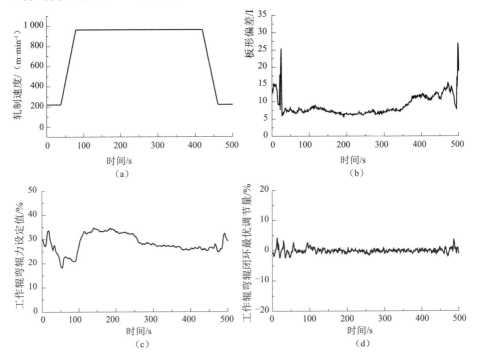

图 6.11　薄规格带钢在优化前的板形控制系统中的控制效果

薄规格带钢（2.2×1250→0.28×1250）在优化后的板形控制系统中的控制效果如图 6.12 所示。

优化后的板形控制系统的高速轧制阶段的平均板形偏差比优化前的板

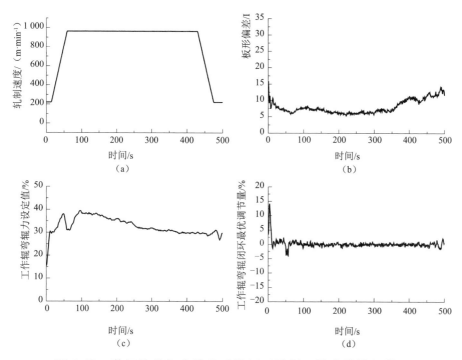

图 6.12　薄规格带钢在优化后的板形控制系统中的控制效果

形控制系统的高速轧制阶段的平均板形偏差减小了 0.54I，表明高速轧制阶段的控制精度提高了 6.88%。优化后的板形控制系统的降速轧制阶段的平均板形偏差比优化前的板形控制系统的降速轧制阶段的平均板形偏差减小了 0.91I，表明降速轧制阶段的控制精度提高了 7.21%。优化后的板形控制系统的整个轧制过程的平均板形偏差比优化前的板形控制系统的整个轧制过程的平均板形偏差减小了 0.85I，表明整个轧制过程的控制精度提高了 9.58%。

6.8　本章小结

（1）针对厚规格带钢进行了现场测试实验。实验结果显示，优化后板形控制系统升速轧制阶段的平均板形偏差比优化前减小了 0.26I，升速轧制阶段控制精度提高了 3.11%。优化后板形控制系统高速轧制阶段的平均板形偏差比优化前减小了 1.25I，高速轧制阶段控制精度提高了 18.09%。优化后板形控制系统降速轧制阶段的平均板形偏差比优化前减小了 0.46I，降速轧制阶段控制精度提高了 5.19%。优化后的板形控制系统改善了厚规格带钢轧制时的板形质量。

（2）针对常规规格带钢进行了现场测试实验。实验结果显示，优化后板形控制系统升速轧制阶段的平均板形偏差比优化前减小了 0.10I，升速轧制阶段控制精度提高了 1.20%。优化后板形控制系统高速轧制阶段的平均板形偏差比优化前减小了 1.21I，高速轧制阶段控制精度提高了 14.78%。优化后板形控制系统降速轧制阶段的平均板形偏差比优化前减小了 3.55I，降速轧制阶段控制精度提高了 30.98%。优化后的板形控制系统改善了常规规格带钢轧制时的板形质量。

（3）针对薄规格带钢进行了现场测试实验。实验结果显示，优化后板形控制系统升速轧制阶段的平均板形偏差比优化前减小了 1.33I，升速轧制阶段控制精度提高了 14.09%。优化后板形控制系统高速轧制阶段的平均板形偏差比优化前减小了 0.54I，高速轧制阶段控制精度提高了 6.88%。优化后板形控制系统降速轧制阶段的平均板形偏差比优化前减小了 0.91I，降速轧制阶段控制精度提高了 7.21%。优化后的板形控制系统改善了薄规格带钢轧制时的板形质量。

第7章 结 论

本书以某 1 450mm 五机架冷轧机组为研究对象，结合实际生产线中板形控制的要求，对板形控制系统做进一步的功能优化和性能改善。重点研究了工作辊弯辊与中间辊弯辊调节方向一致性的问题、多种调节机构组合后的整体调节效果与实际板形缺陷的匹配问题以及板形目标曲线设定对调节机构饱和状态的影响问题，主要的研究成果如下。

（1）基于容许方向法和单纯形法，提出了一种板形执行器调节量计算方法，建立了板形执行器调节量寻优模型，实例仿真结果表明该模型计算的下降容许方向与调节量最优解均有较高的精度。基于辊系变形方程建立了辊间压力迭代矩阵，研究了轧辊弹性变形和轧辊压扁对板形的影响，实例仿真表明当中间辊凸度从 $20\mu m$ 增加到 $30\mu m$ 时，轧件轧后厚度呈现增加的趋势。该模型能够满足板形控制计算精度的要求。

（2）提出了板形控制系统协同优化分配策略，设计了基于神经网络和 TV 的协同优化算法。现场测试数据表明，协同优化分配策略作用下的控制精度高于常规方法，稳定轧制阶段最小平均板形偏差为 0.82I。变规格轧制时，协同优化分配策略能够缓解带钢硬度增加对板形造成的不良影响，其中升速阶段最大硬度补偿效率为 49.08%，稳速阶段最大硬度补偿效率为 48.87%，降速阶段最大硬度补偿效率为 51.77%。实验结果表明，采用弯辊力协同优化分配策略能够提高板形的控制精度，并改善板形控制系统对硬度较高带钢的适应性。

（3）建立了板形调节策略库模型，通过对在线实时板形值进行相应的计算，使板形控制系统能够识别出局部板形状况。该模型可以针对复杂的板形状况，选择匹配的调节机构组合方式，充分发挥轧机的板形控制能力。对该模型进行现场测试，结果表明当带钢宽度从 880mm 变为 920mm 时，采用执行机构调节策略能够缓解宽度增加对板形造成的不良影响，其中最大宽度补偿效率为51.89%。当轧制力从7 700～8 300kN变为8 300～8 900kN时，采用执行机构调节策略能够缓解轧制力增加对板形造成的不良影响，其中最大轧制力补偿效率为42.88%。当压下量从15.89%变为32.96%时，采用执行机构调节策略能够缓解压下量增加对板形造成的不良影响，其中最大压下量补偿效率为36.77%。由此可知，采用板形控制执行机构调节策略能够保证在宽带钢、大轧制力、大压下量情况下的板形质量。

（4）分析了板形目标曲线设定与调节机构饱和状态之间的影响，有针对性地提出了板形目标曲线动态调节模型，建立了基于GENOCOP的混合算法。对该模型进行了测试实验，结果表明板形目标曲线动态调节模型能够有效地消除对称性板形缺陷，其中中浪的消除效率为40.33%。当轧制速度从1 000m/min下降到800m/min时，采用板形目标曲线动态调节模型能够缓解轧制速度下降对板形造成的不良影响，其最大速度补偿效率为72.19%。当轧制厚度从1mm下降到0.36mm时，采用板形目标曲线动态调节模型能够缓解厚度变薄对板形造成的不良影响，其最大厚度补偿效率为98.37%。由此可见，板形目标曲线动态调节模型成功地解决了常规干预调节不平衡的问题，改善了带钢的板形质量。

（5）在某1 450mm五机架冷轧机组生产线上对优化后的板形控制系统进行了现场测试。当轧制厚规格带钢时，优化后板形控制系统的平均板形偏差比优化前减小了1.02I，整个轧制过程的板形控制精度提高了14.03%。当轧制常规规格带钢时，优化后板形控制系统的平均板形偏差比优化前减小了0.85I，整个轧制过程的板形控制精度提高了9.69%。当轧制薄规格带钢时，优化后板形控制系统的平均板形偏差比优化前减小了0.85I，整个轧制过程的板形控制精度提高了9.58%。应用结果表明，优化后的板形控制系统对多种规格的带钢均呈现出较好的控制效果，同时板形控制精度大幅度地提高，这对于实际工业生产具有重要的意义。

参 考 文 献

［1］王国栋. 板形控制和板形理论［M］.北京：冶金工业出版社，1986.

［2］Wang Y Q, Sun F, Liu J, et al. Application of smith predictor based on single neural network in cold rolling shape control［J］. Chinese Journal of Mechanical Engineering, 2009, 22（2）：282 – 286.

［3］张清东，李博，郑武，等. 冷带轧机板形闭环反馈控制策略及模型研究［J］.系统仿真学报，2009，21（24）：7858 – 7862.

［4］Wang L, Sun Y K. Strip Flatness and Gauge Complex Control of RBF Neural Network Based on Hierarchical Genetic Algorithm［J］. Computer Simulation, 2003, 20（2）：82 – 85.

［5］徐乐江. 板带冷轧机板形控制与机型选择［M］.北京：冶金工业出版社，2007.

［6］孙铁铠，赵永和. 工作辊横移式轧机在冷轧板带生产中的应用［J］.钢铁，1996，31（3）：35 – 39.

［7］胡建平. 六辊冷轧机轧辊横移和弯辊力设定策略分析［J］.钢铁技术，2006（1）：25 – 28.

［8］周善坤. 板形控制的基本原理［J］.轻合金加工技术，1998，26（12）：16 – 20.

［9］常安，邸洪双，佟强，等. 工作辊横移对带钢边部减薄的影响［J］.东北大学学报（自然科学版），2008，29（1）：85 – 88.

［10］裴红平. 液压弯辊板形控制手段的实现［J］.电气传动，2006，36（5）：43 – 45.

［11］王勇勤，严兴春，田文波，等. 板形控制液压弯辊系统的仿真［J］.钢铁研究学报，2007，19（3）：93 – 97.

［12］华建新，金以慧，吴文斌. 冷轧板形控制中的精细冷却控制［J］.冶金自动化，2002（1）：41 – 44.

［13］Guo Remn-Min. Heat transfer of a finite length roll subject to multiple zone cooling and surface heating boundary conditions［C］//Moving Interface Problems in Manufacturing Heat Transfer, ASME Annual Meeting, Windter, 1993.

［14］王快社，王讯宏，张兵，等. 板形检测控制新方法［J］.重型机械，2004（5）：

18 – 22.

[15] 张清东, 陈先霖, 何安瑞, 等. 冷轧宽带钢板形检测与自动控制 [J]. 钢铁, 1999, 34（10）: 69 – 72.

[16] 赵小燕, 张朝晖, 迟健男, 等. 基于张力测量的板形检测技术 [J]. 制造业自动化, 2007, 29（3）: 90 – 92.

[17] 王向丽, 李谋渭, 张少军. 分段辊测张式板形仪性能及发展趋势研究 [J]. 冶金自动化, 2008, 32（3）: 39 – 42.

[18] 梁勋国, 矫志杰, 王国栋, 等. 冷轧板形测量技术概论 [J]. 冶金设备, 2006（6）: 36 – 39.

[19] 孙旭光, 王益群, 尹国芳, 等. 气动板形检测辊及其主要技术性能 [J]. 钢铁研究学报, 2006, 18（12）: 46 – 49.

[20] 刘建, 王益群, 胡晓军, 等. 气动板形仪动态标定及系统圆周误差鉴相补偿 [J]. 轧钢, 2009, 26（1）: 26 – 29.

[21] 许石民, 于炳强, 胡国栋. 应用于四辊可逆冷轧机的压磁式冷轧带材板形仪 [J]. 冶金设备, 2004（5）: 39 – 40.

[22] 胡国栋, 王琦. 磁弹变压器差动输出式冷轧带材板形仪 [J]. 钢铁, 1994, 29（4）: 56 – 59.

[23] Montastier J G, Morel M, Brenot M A. CLECIM shapemeter roll [J]. Iron and Steel Engineer, 1983, 60（12）: 27 – 29.

[24] Ginzburg V B. High-Quality Steel Rolling Theory and Practice [M]. New York: Marcel Deker Inc, 1993: 591 – 605.

[25] 尹家勇. SI-FLAT 板形仪在六辊可逆铜轧机的应用 [J]. 世界有色金属, 2010（6）: 46 – 47.

[26] 于丙强, 杨利坡, 孙建亮. 冷轧带钢板形检测辊研究现状 [J]. 轧钢, 2011, 28（2）: 44 – 46.

[27] Scottow C. Shape measurement and coolant spray solutions for rolling mills [J]. Metallurgical Plant and Technology International, 2002, 25（1）: 72 – 74.

[28] 刘浩. ABB 板形测量系统在宝钢 1 800mm 冷连轧机组的应用 [J]. 冶金自动化, 2006, 30（1）: 61 – 62.

[29] 秦政. 新型冷轧带钢板型仪 [J]. 金属世界, 2003（5）: 13 – 16.

[30] 张华. SUNDWIG 板形仪系统在冷轧机中的应用 [J]. 可编程控制器与工厂自动化, 2010（8）: 58 – 60.

[31] Spooner, Peter D. New techniques for shape measurement [J]. Iron and Steel Engineer, 1994, 71 (11): 36 – 39.

[32] 秦政. 新型冷轧带钢板型仪 SI-FLAT 在冷连轧机的应用 [J]. 冶金自动化, 2004, 28 (2): 63 – 65.

[33] 杨溪林, 金国藩, 焦景民. 多束激光热轧带钢板形检测仪的开发与研究 [J]. 冶金自动化, 1997 (1): 24 – 28.

[34] 王明黔, 王晓东. 连续冷轧生产线中使用的三种板形仪对比 [J]. 冶金自动化, 2008 (S1): 245 – 248.

[35] 龚殿尧, 徐建忠, 张凤琴, 等. 轧辊凸度及直径对热轧带钢凸度的影响 [J]. 钢铁研究学报, 2003, 15 (3): 17 – 20.

[36] 闫晓强, 么爱东, 刘克飞. 液压弯辊控制参数对热连轧机振动能量影响研究 [J]. 振动与冲击, 2016, 35 (11): 41 – 46.

[37] 丁震. ABB 板形测量系统介绍和应用 [J]. 数字化用户, 2013 (4): 29 – 31.

[38] 陈金山, 王君, 曹勇. 1 750mm 冷连轧机弯辊力模型研究与设定 [J]. 钢铁研究学报, 2017, 29 (4): 299 – 304.

[39] 叶佩翔. 最大弯辊力转换系统 [J]. 武钢技术, 1991: 39 – 40.

[40] 王欣, 羌菊兴. 冷轧过程控制压下分配计算模型研究 [J]. 控制工程, 2008, 15: 85 – 87.

[41] 吕炎, 王真, 姜秋华, 等. 平板压缩时金属流动方向的实验研究 [J]. 金属科学与工艺, 1985, 4 (1): 62 – 69.

[42] 王风德, 贺毓辛. 三维轧制变形场的配置法解 [J]. 力学与实践, 1987: 22 – 25.

[43] 周庆田, 张文志, 宗家富. 变分法在 H 形钢万能轧制温度计算中的应用 [J]. 中国机械工程, 2000, 11 (6): 678 – 681.

[44] 赵志业, 王国栋. 现代塑性加工力学 [M]. 北京: 冶金工业出版社, 1987.

[45] 段春华. 新的板形理论 [J]. 钢铁, 1999, 34 (10): 809 – 811.

[46] Stone M D, Gray R. Theory and practical aspects in crown control [J]. Iron and Steel Engineer, 1965, 42 (8): 73 – 77.

[47] 王国栋, 张树堂. 板形方程及其应用 [J]. 钢铁, 1981 (10): 11 – 17.

[48] Chen X L, Zou J X. A Specialized Finite Element Model for Investigating Controlling Affecting Behavior of Rolls and Strip Flatness [C]. The Science and Technology of Flat Rolling, 4th International Steel Rolling Conference, Deauville, France: 1987, 1 – 7.

[49] 时旭, 刘相华, 王国栋, 等. 弯辊力对带钢凸度影响的有限元分析 [J]. 轧钢,

2006, 23 (3): 10 – 13.

[50] 刘相华. 刚塑性有限元及其在轧制中的应用 [M]. 北京: 冶金工业出版社, 1994.

[51] Liu C, Hartley P, Sturgess C E N, et al. Elastic-plastic finite-element modeling of cold rolling of strip [J]. International Journal of Mechanical Sciences, 1985, 27 (7/8): 531 – 541.

[52] Nakajima K, Kawamoto T, Hatae S, et al. Basic characteristics of pair cross mill [J]. Technical Review-Mitsubishi Heavy Industries, 1985, 22 (2): 143 – 148.

[53] 刘才, 杜凤山, 连家创. 薄板带张力轧制时金属流动的计算机模拟 [J]. 钢铁, 1992, 27 (1): 35 – 38, 47.

[54] 时旭. 薄带钢冷轧过程的弹塑性有限元模拟 [D]. 沈阳: 东北大学, 2005.

[55] Liu C, Hartley P, Sturgess C E N, et al. Simulation of the cold rolling of strip using an elastic-plastic finite element technique [J]. International Journal of Mechanical Sciences, 1985, 27 (11 – 12): 829 – 839.

[56] Shohet K N, Townsend N A. Roll bending methods of crown control in four-high plate mills [J]. Journal of the Iron and Steel Institute, 1968, 206 (11): 1088 – 1098.

[57] Edwards W J, Spooner P D. Automation of Tandem Mills [M]. London: Iron and Steel Institute, 1973, 177 – 212.

[58] 王国栋, 张树堂. 轧辊弹性变形和板形理论的研究 [J]. 钢铁研究学报, 1983 (03): 461 – 470.

[59] 王国栋, 张树堂. 四辊轧机轧辊弹性变形的矩阵计算法 [J]. 重型机械, 1982 (08): 9 – 18.

[60] 梁勋国. 六辊冷连轧机板形控制模型优化的研究 [D]. 沈阳: 东北大学, 2008.

[61] 彭艳. 基于条元法的 HC 冷轧机板形预设定控制理论研究及工业应用 [D]. 秦皇岛: 燕山大学, 2000.

[62] 王国栋, 张树堂. 四辊轧机轧辊弹性变形的矩阵算法 [J]. 重型机械, 1982 (8): 9 – 18.

[63] 魏立群, 陆济民. 板带宽度对板凸度的影响 [J]. 钢铁研究学报, 1995, 7 (6): 20 – 26.

[64] 魏立群, 柳谋渊, 郁建伟, 等. 1420HC 轧机辊间压力分布的解析 [J]. 钢铁研究学报, 2003, 15 (6): 21 – 24.

[65] 魏立群, 柳谋渊, 经晓蓉, 等. 1420HC 轧机中间辊抽动量对板形的影响 [J]. 上海金属, 2003, 25 (6): 38 – 41.

[66] 魏立群, 张杏耀, 柳谋渊, 等. 1420HC 轧机板形控制的研究 [J]. 钢铁, 2003, 38

（9）：30 - 34.

[67] 钟春生，李显忠. 四辊冷轧机最佳弯辊力的研究 [J]. 重型机械，1983（9）：1 - 8.

[68] 白金兰，刘红，李东辉，等. 基于影响函数法的冷轧带钢轧制力计算 [J]. 重型机械科技，2004（3）：1 - 4.

[69] 白金兰，王军生，王国栋，等. 六辊轧机辊间压力分布解析 [J]. 东北大学学报：自然科学版，2005，26（2）：133 - 136.

[70] Chen X L，Yang Q，Zhang Q D. Varying contact back-up roll for improved strip flatness [J]. Steel Technology International，1994/1995：174 - 178.

[71] Wang D D，Tieu A K，et al. Modeling and optimization of threading process for shape control in tandem cold rolling [J]. Journal of Materials Processing Technology，2003，140（1 - 3 SPEC）：562 - 568.

[72] Liu Y，Lee W H. Mathematical model for the thin strip cold rolling and temper rolling process with the influence function method [J]. ISIJ International，2005，45（8）：1173 - 1178.

[73] 连家创，刘宏民. 板厚板形控制 [M]. 北京：兵器工业出版社，1996.

[74] 常安，邸洪双，白金兰，等. 影响冷轧边部减薄的因素 [J]. 钢铁，2007（10）：51 - 55.

[75] 彭艳，刘宏民. 基于机理模型的 HC 冷轧机板形预设定控制模型的工业应用 [C]. 2001 中国钢铁年会论文集. 北京：冶金工业出版社，96 - 99.

[76] 刘玉礼，王平. 400HC 轧机板形设定控制数学模型 [J]. 钢铁，1998，33（7）：28 - 32.

[77] 张清东，陈先霖. CVC 四辊冷轧机板形预设定控制研究 [J]. 1997，32（7）：29 - 33.

[78] R. M. G. Development of a mathematical model for strip thickness profile [J]. Iron and Steel Engineer，1990（9）：32 - 39.

[79] 邸洪双. UC 轧机板形控制特性及控制系统的研究 [D]. 沈阳：东北大学，1996.

[80] 常安，邸洪双，佟强，等. BP 神经网络的弯辊力预设定优化 [J]. 轧钢，2006，23（5）：55 - 57.

[81] 白金兰. 单机架可逆冷轧机板形控制预设定理论研究 [D]. 沈阳：东北大学，2006.

[82] 朱洪涛，巴力颖，刘相华，等. PC 轧机高精度板形设定系统 [J]. 钢铁，1999，34（增刊）：851 - 854.

[83] Imai I，Hirai S，Furuya T，et al. New 6-High Mill and Automatic Shape Control System in Cold Rolling [C]//Proceedings of the Mineral Waste Utilization Symposium，Tokyo，Ja-

pan，1980，807 - 818.

［84］刘宏民，贾春玉，单修迎．智能方法在板形控制中的应用［J］.燕山大学学报，2010，34（1）：1 - 5.

［85］乔俊飞，柴天佑．板形控制技术现状及未来发展［J］.冶金自动化，1997（1）：11 - 14.

［86］周旭东，王国栋．冷轧板形正交多项式分解模型［J］.钢铁，1997，32（8）：46 - 47.

［87］梁勋国，徐建忠，王国栋，等．冷轧板形的闭环反馈控制原理及应用效果［J］.冶金自动化，2006，30（6）：36 - 39.

［88］邸洪双，张晓峰．冷轧薄带板形检测信号正交多项式分解及数学模型［J］.钢铁，1995，30（9）：33 - 36.

［89］华建新，吴文彬，等．基于动态板形辊的冷轧板形控制新技术［J］.钢铁，2001，36（1）：33 - 37.

［90］贾春玉．高精度宽带钢冷轧机板形模糊神经控制的研究［D］.秦皇岛：燕山大学，2006.

［91］Nilsson A. Automatic flatness control system for cold rolling mills［J］. Iron and Steel Engineer，1979，56（6）：55 - 60.

［92］Ikuya hoshno，Masateru Kawai，Misao Kokubo，et al. Observer based multivariable flatness control of the cold rolling mill［J］. 12th IFAC World Congress International Federation of Automatic Control，1993：149 - 156.

［93］Jung J Y，Im Y T，Lee-Kwang H. Development of fuzzy control algorithm for shape control in cold rolling［J］. Journal of Materials Processing Technology，1995，48（1 - 4）：187 - 195.

［94］Wang Q L，Sun J，Liu Y M，et al. Analysis of symmetrical flatness actuator efficiencies for UCM cold rolling mill by 3D elastic-plastic FEM［J］. International Journal of Advanced Manufacturing Technology，2017，92（1 - 4）：1371 - 1389.

［95］乔俊飞，王笑波，柴天佑．带材板形的一种复合控制方法［J］.控制理论与应用，2000，17（3）：393 - 399.

［96］王国栋．冷轧板形的模糊控制［J］.轧钢，1994（5）：55 - 57.

［97］周旭东，李连诗，王先进，等．自适应神经元网络板形板厚综合控制［J］.北京科技大学学报，1994，16（4）：340 - 345.

［98］Saito T，Ohnishi T，Komatsu T，et al. Automatic flatness control system in tandem cold rolling mill for Ultra-Thin gauge strip［J］. Kawasaki Steel Technical Report，1991

（24）：41 - 46.

[99] Jong-Yeob J, Yong-Taek I, Hyung L K. Fuzzy-control simulation of cross-sectional shape in six-high cold-rolling mills [J]. Journal of Materials Processing Technology, 1996, 62 (1 - 3)：61 - 69.

[100] 贾春玉, 单修迎, 刘宏民, 等. 模糊神经板形控制模型在冷轧带钢生产中的应用 [J]. 冶金设备, 2008 (1)：1 - 5.

[101] 张清东, 陈先霖, 徐金梧. 板形缺陷模式识别方法的研究 [J]. 1996 (S1)：57 - 60.

[102] Jung J Y, Im Y T. Simulation of fuzzy shape control for cold-rolled strip with randomly irregular strip shape [J]. Journal of Materials Processing Technology, 1997, 63 (1 - 3)：248 - 253.

[103] Junfei Q, Ge G, Tianyou C, et al. A New Method of Flatness Control in Cold Rolling Process [C]//Proceedings of the 1998 American Control Conference (ACC), Philadelphia, PA, USA：American Automatic Control Council, 1998：3828 - 3832.

[104] Postlethwaite I, Atack P A, Robinson I S. The improved control for an aluminium hot reversing mill using the combination of adaptive process models and an expert system [J]. Journal of Materials Processing Technology, 1996, 60 (1 - 4)：393 - 398.

[105] 刘宏民, 丁开荣, 李兴东, 等. 板形标准曲线的理论计算方法 [J]. 机械工程学报, 2008, 44 (8)：137 - 142.

[106] 贾生晖, 张杰, 曹建国, 等. 冷连轧机硅钢板形控制目标的改进 [J]. 北京科技大学学报, 2002, 24 (3)：303 - 305.

[107] 王鹏飞, 张殿华, 刘佳伟, 等. 冷轧板形目标曲线设定模型的研究与应用 [J]. 钢铁, 2010, 45 (4)：50 - 55.

[108] 林振波, 段振勇, 连家创, 等. 冷轧机板形标准曲线的分析及选择方法 [J]. 钢铁研究学报, 1997, 9 (3)：58.

[109] 王军生, 白金兰, 刘相华. 带钢冷连轧原理与过程控制 [M]. 北京：科学出版社, 2009.

[110] 杨荃, 陈先霖. 冷轧机的板形控制目标模型 [J]. 北京科技大学学报, 1995, 17 (3)：255 - 258.

[111] Liu H M, Peng Y, Chu Y P, et al. Strip element method for shape discrimination of strip rolling [J]. Communications in Numerical Methods in Engineering, 2004, 20 (9)：709 - 720.

[112] 刘宏民, 彭艳, 褚宇鹏. 板带轧制板形判别的条元法 [J]. 燕山大学学报, 2002,

26（2）：95 - 98.

[113] Rubén Usamentiaga, Daniel F García, González D, et al. Compensation for Uneven Temperature in Flatness Control Systems for Steel Strips [C]//Industry Applications Conference, 2006. 41st IAS Annual Meeting. Conference Record of the 2006 IEEE, 521 - 527.

[114] 贾春玉, 尚志东. 冷轧板形目标曲线的补偿设定 [J]. 钢铁研究学报, 2000, 12（4）：64 - 67.

[115] 王长松, 张云鹏, 张清东. 效应函数在冷轧机板形控制中的应用 [J]. 轧钢, 1999（4）：28 - 30.

[116] 季颖, 张秀玲. BP 神经网络在板形控制影响矩阵中的应用 [J]. 信息技术, 2008（11）：64 - 66.

[117] 黄伦伟, 陈先霖, 张清东, 等. 板带冷轧机板形控制技术调控功效的比较研究 [J]. 冶金设备, 2000（1）：4 - 7.

[118] Claire Nappez, Serge Boulot, Richard C McDermott C. Control of strip flatness in cold rolling: a global approach [J]. Iron and Steel Engineer, 1997（4）：42 - 45.

[119] 张清东, 陈先霖, 何安瑞, 等. 宽带钢冷轧机板形自动控制系统 [J]. 轧钢, 1998（5）：11 - 14.

[120] 张云鹏, 王长松, 张清东. 基于效应函数的冷轧机板形闭环控制策略 [J]. 北京科技大学学报, 1999, 21（2）：195 - 197.

[121] Liu H M, Shan X Y, Jia C Y, et al. Theory-Intelligent dynamic matrix model of flatness control for cold rolled strips [J]. Journal of Iron and Steel Research International, 2013, 20（8）：1 - 7.

[122] Abdelkhalek S, Montmitonnet P, Legrand N, et al. Coupled approach for flatness prediction in cold rolling of thin strip [J]. International Journal of Mechanical Sciences, 2011, 53（9）：661 - 675.

[123] Jia C Y, Bai T, Shan X Y, et al. Cloud neural fuzzy PID hybrid integrated algorithm of flatness control [J]. Journal of Iron and Steel Research International, 2014, 21（6）：559 - 564.

[124] Alberto Bemporad, Daniele Bernardini, Francesco Alessandro Cuzzola, et al. Optimization-based automatic flatness control in cold tandem rolling [J]. Journal of Process Control, 2010, 20（4）：396 - 407.

[125] Agureev V A, Kalmanovich E A, Kuryakin A V, et al. Use of gage IP-4 to measure the flatness of sheet on cold-rolling mills [J]. Metallurgist, 2007, 51（5 - 6）：316 - 323.

［126］ Nandan R, Rai R, Jayakanth R, et al. Regulating crown and flatness during hot rolling a multiobjective optimization study using genetic algorithms ［J］. Material and Manufacturing Processes, 2005, 20（3）: 459 – 478.

［127］ Boerchers J, Gromov A. Topometric measurement of the flatness of rolled products-the system topPlan ［J］. Metallurgist, 2008, 52（3 – 4）: 247 – 252.

［128］ Pin G, Francesconi V, Cuzzola F A, et al. Adaptive task-space metal strip-flatness control in cold multi-roll mill stands ［J］. Journal of Process Control, 2013, 23（2）: 108 – 119.

［129］ Trusill S V, Agureev V A, Yu Aryshenskii V, et al. Introduction of flatness gage IP-4 on the continuous wean-damiron heat-treatment line at the samara metallurgical plant ［J］. Metallurgist, 2008, 52（9 – 10）: 504 – 510.

［130］ Liu H M, He H T, Shan X Y, et al. Theory-intelligent dynamic matrix model of flatness control for cold rolled strips ［J］. Chinese Journal of Mechanical Engineering, 2009, 22（2）: 01 – 07.

［131］ Cui G M, Zhao Y X. Research of the strip shape control system on cold strip mill ［J］. Advanced Electrical and Electronics Engineering, 2011, 87: 465 – 470.

［132］ Zhao Y B. Alternative theorems and sufficient conditions of global convergence for a class of feasible direction algorithms ［J］. Journal of Systems Science & Systems Engineering, 1993, 2（3）: 266 – 272.

［133］ He G Y, Lu Q, Chen C X. Feasible direction algorithm for solving nonlinear optimization problems ［J］. Journal of Tsinghua University（Science and Technology）, 2004, 44（10）: 1310 – 1312.

［134］ Jiang Y B, Feng J, Meng S P. Linear feasible direction algorithm for calculation of reliability index of structure ［J］. Journal of Southeast University（Natural Science Edition）, 2006, 36（2）: 312 – 315.

［135］ Tong S K, Xiao X P. A feasible descent direction algorithm in trust region for quadratic programming ［J］. Journal of Wuhan University of Technology, 2004, 28（5）: 732 – 735.

［136］ Qin Z L. A feasible direction interactive algorithm for multi-objective group decision-making problems ［J］. Mathematics in Economics, 2002, 19（4）: 20 – 29.

［137］ Chudasama M, Raval H. An approximate bending force prediction for 3-roller conical bending process ［J］. International Journal of Material Forming, 2013, 6（2）: 303 – 314.

[138] Pour H S S, Beheshti H K, Alizadeh Y, et al. Calculation of work roll initial crown based on desired strip profile in hot rolling [J]. Neural Computing & Applications, 2014, 24 (5): 1123 – 1133.

[139] Wang X D, Li F, Li B H, et al. Design and application of an optimum backup roll contour configured with CVC work roll in hot strip mill [J]. ISIJ International, 2012, 52 (9): 1637 – 1643.

[140] Li Y L, Cao J G, Yang G H, et al. ASR bending force mathematical model for the same width strip rolling campaigns in hot rolling [J]. Steel Research International, 2015, 86 (5): 567 – 575.

[141] Cao J G, Xu X Z, Zhang J, et al. Preset model of bending force for 6-high reversing cold rolling mill based on genetic algorithm [J]. Journal of Central South University of Technology, 2011, 18 (5): 1487 – 1492.

[142] Chudasama M K, Raval H K. Bending force prediction for dynamic roll-bending during 3-roller conical bending process [J]. Journal of Manufacturing Processes, 2014, 16 (2): 284 – 295.

[143] Wang X D, Li F, Wang L, et al. Development and application of roll contour configuration in temper rolling mill for hot rolled thin gauge steel strip [J]. Ironmaking & Steelmaking, 2012, 39 (3): 163 – 170.

[144] Shen G X, Zheng Y J, Li M. Development of statically determinate plate rolling mills that maintain the rolls parallel [J]. Journal of Manufacturing Science and Engineering-Transactions of the Asme, 2013, 135 (3): 031014 – 1 – 031014 – 8.

[145] Zeng J, Liu Z H, Champliaud H. FEM dynamic simulation and analysis of the roll-bending process for forming a conical tube [J]. Journal of Materials Processing Technology, 2008, 198 (1 – 3): 330 – 343.

[146] Park J S, Na D H, Yang Z, et al. Application of neural networks to minimize front end bending of material in plate rolling process [J]. Proceedings of the Institution of Mechanical Engineers Part B-Journal of Engineering Manufacture, 2016, 230 (4): 629 – 642.

[147] Linghu K Z, Jiang Z Y, Zhao J W, et al. 3D FEM analysis of strip shape during multi-pass rolling in a 6-high CVC cold rolling mill [J]. International Journal of Advanced Manufacturing Technology, 2014, 74 (9 – 12): 1733 – 1745.

[148] Alimoradi H, Shams M. Optimization of subcooled flow boiling in a vertical pipe by using artificial neural network and multi objective genetic algorithm [J]. Applied Thermal En-

gineering, 2017, 111: 1039 – 1051.

[149] Pakdaman M, Ahmadian A, Effati S, et al. Solving differential equations of fractional order using an optimization technique based on training artificial neural network [J]. Applied Mathematics and Computation, 2017, 293: 81 –95.

[150] Yadav N, Yadav A, Kumar M, et al. An Efficient algorithm based on artificial neural networks and particle swarm optimization for solution of nonlinear Troesch's problem [J]. Neural Computing & Applications, 2017, 28 (1): 171 –178.

[151] Razin M R G, Voosoghi B. Wavelet neural networks-using particle swarm optimization training in modeling regional ionospheric total electron content [J]. Journal of Atmospheric and Solar-Terrestrial Physics, 2016, 149: 21 –30.

[152] Borah T, Bhattacharjya R K. Development of an improved pollution source identification model using numerical and ANN based simulation-optimization model [J]. Water Resources Management, 2016, 30 (14): 5163 –5176.

[153] Avci H, Kumlutas D, Ozer O, et al. Optimisation of the design parameters of a domestic refrigerator using CFD and artificial neural networks [J]. International Journal of Refrigeration-Revue Internationale Du Froid, 2016, 67: 227 –238.

[154] Song X Z, Peng C, Li G S, et al. Optimization of operation parameters for helical flow cleanout with supercritical CO2 in horizontal wells using back-propagation artificial neural network [J]. Plos One, 2016, 11 (6): 1932 –6203.

[155] Li B, Gu C W, Li X T, et al. Numerical optimization for stator vane settings of multi-stage compressors based on neural networks and genetic algorithms [J]. Aerospace Science and Technology, 2016, 52: 81 –94.

[156] Li X T, Gu C W. Numerical optimization of a highly loaded compressor in semi-closed cycles using neural networks and genetic algorithms [J]. Greenhouse Gases-Science and Technology, 2016, 6 (2): 232 –250.

[157] Hu L, Qin L H, Mao K, et al. Optimization of neural network by genetic algorithm for flowrate determination in multipath ultrasonic gas flowmeter [J]. IEEE Sensors Journal, 2016, 16 (5): 1158 –1167.

[158] Shen C Y, Wang L X, Li Q. Optimization of injection molding process parameters using combination of artificial neural network and genetic algorithm method [J]. 2007, 183 (2 –3): 412 –418.

[159] Abouhamze M, Shakeri M. Multi-objective stacking sequence optimization of laminated

cylindrical panels using a genetic algorithm and neural networks [J]. Composite Structures, 2007, 81 (2): 253 – 263.

[160] Elsayed K, Lacor C. Modeling and pareto optimization of gas cyclone separator performance using RBF type artificial neural networks and genetic algorithms [J]. Powder Technology, 2012, 217: 84 – 99.

[161] Istadi I, Amin N A S. Modelling and optimization of catalytic-dielectric barrier discharge plasma reactor for methane and carbon dioxide conversion using hybrid artificial neural network-genetic algorithm technique [J]. Chemical Engineering Science, 2007, 62 (23): 6568 – 6581.

[162] Hsieh K L, Tong L I. Optimization of multiple quality responses involving qualitative and quantitative characteristics in IC manufacturing using neural networks [J]. Computers in Industry, 2001, 46 (1): 1 – 12.

[163] Elsayed K, Lacor C. CFD modeling and multi-objective optimization of cyclone geometry using desirability function, artificial neural networks and genetic algorithms [J]. Applied Mathematical Modelling, 2013, 37 (8): 5680 – 5704.

[164] Hugget A, Sebastian P, Nadeau J P. Global optimization of a dryer by using neural networks and genetic algorithms [J]. Aiche Journal, 1999, 45 (6): 1227 – 1238.

[165] Jamshidi M, Ghaedi M, Dashtian K, et al. Highly efficient simultaneous ultrasonic assisted adsorption of brilliant green and eosin B onto ZnS nanoparticles loaded activated carbon: artificial neural network modeling and central composite design optimization [J]. Spectrochimica Acta Part a-Molecular and Biomolecular Spectroscopy, 2016, 153: 257 – 267.

[166] Cho J R, Shin S W. Material composition optimization for heat-resisting FGMs by artificial neural network [J]. Composites Part a-Applied Science and Manufacturing, 2004, 35 (5): 585 – 594.

[167] Shi H Z, Gao Y H, Wang X C. Optimization of injection molding process parameters using integrated artificial neural network model and expected improvement function method [J]. International Journal of Advanced Manufacturing Technology, 2010, 48 (9 – 12): 955 – 962.

[168] Zhang X L, Gao W Y, Lai Y J, et al. Flatness predictive model based on T-S cloud reasoning network implemented by DSP [J]. Journal of Central South University, 2017, 24 (10): 2222 – 2230.

［169］ Li Y L, Cao J G, Kong N, et al. The effects of lubrication on profile and flatness control during ASR hot strip rolling ［J］. International Journal of Advanced Manufacturing Technology, 2017, 91 (5 – 8): 2725 – 2732.

［170］ Birge J R, Qi L, Wei Z. A Variant of the Topkis-Veinott method for solving inequality constrained optimization problems ［J］. Applied Mathematics and Optimization, 2000, 41 (3): 309 – 330.

［171］ KostrevaM M, Chen X. A Superlinearly convergent method of feasible directions ［J］. Applied Mathematics and Computation, 2000, 116 (3): 231 – 244.

［172］ Li Y L, Cao J G, Kong N, et al. The integration effects on flatness control in hot rolling of electrical steel ［J］. Steel Research International, 2017, 88 (4): 1611 – 3683.

［173］ Liu H M, He H T, Shan X Y, et al. Flatness control based on dynamic effective matrix for cold strip mills ［J］. Chinese Journal of Mechanical Engineering, 2009, 22 (2): 287 – 296.

［174］ Lu N Y, Jiang B, Lu J H. Data mining-based flatness pattern prediction for cold rolling process with varying operating condition ［J］. Knowledge and Information Systems, 2014, 41 (2): 355 – 378.

［175］ Mathieu N, Potier-Ferry M, Zahrouni H. Reduction of flatness defects in thin metal sheets by a pure tension leveler ［J］. International Journal of Mechanical Sciences, 2017, 122: 267 – 276.

［176］ Nakhoul R, Montmitonnet P, Legrand N. Manifested flatness defect prediction in cold rolling of thin strips ［J］. International Journal of Material Forming, 2015, 8 (2): 283 – 292.

［177］ Salimi M, Sahebifard M M. Optimization of strip profile and flatness using hybrid neural-GA algorithm ［J］. Steel Research International, 2010, 81 (9): 154 – 157.

［178］ Sun W Q, Li B, Shao J, et al. Research on crown & flatness allocation strategy of hot rolling mills ［J］. International Journal of Simulation Modelling, 2016, 15 (2): 327 – 340.

［179］ Tran D C, Tardif N, El Khaloui H, et al Thermal buckling of thin sheet related to cold rolling: latent flatness defects modeling ［J］. Thin-Walled Structures, 2017, 113: 129 – 135.

［180］ Tran D C, Tardif N, Limam A. Experimental and numerical modeling of flatness defects in strip cold rolling ［J］. International Journal of Solids and Structures, 2015, 69 – 70: 343 – 349.

［181］ Wang X C, Yang Q, Jiang Z Y, et al. Research on the improvement effect of high tension on flatness deviation in cold strip rolling ［J］. Steel Research International, 2014, 85 (11): 1560 – 1570.

［182］ Zhang X L, Cheng L, Hao S, et al. The new method of flatness pattern recognition based on GA-RBF-ARX and comparative research ［J］. Nonlinear Dynamics, 2016, 83 (3): 1535 – 1548.

［183］ Zhang X L, Cheng L, Hao S, et al. Optimization design of RBF-ARX model and application research on flatness control system ［J］. Optimal Control Applications & Methods, 2017, 38 (1): 19 – 35.

［184］ Zhang X L, Zhang S Y, Zhao W B, et al. Flatness intelligent control via improved least squares support vector regression algorithm ［J］. Journal of Central South University, 2013, 20 (3): 688 – 695.

［185］ Zhang X L, Zhao L, Zang J Y, et al. Flatness intelligent control based on T-S cloud inference neural network ［J］. ISIJ International, 2014, 54 (11): 2608 – 2617.

［186］ Zhang X L, Zhao L, Zang J Y, et al. Hybrid MATLAB and LabVIEW with T-S cloud inference neural network to realize a flatness intelligent control system ［J］. Steel Research International, 2014, 85 (12): 1639 – 1652.

［187］ Yu Y H, Yang Y S, Chen Y J E. A compact wideband CMOS low noise amplifier with gain flatness enhancement ［J］. Ieee Journal of Solid-State Circuits, 2010, 45 (3), 502 – 509.

［188］ Thounthong P, Pierfederici S, Martin J P, et al. Modeling and control of fuel cell/supercapacitor hybrid source based on differential flatness control ［J］. IEEE Transactions on Vehicular Technology, 2010, 59 (6): 2700 – 2710.

［189］ Dou Y J, Zhang H M, Yao M Y. Improvement of flatness of optical frequency comb based on nonlinear effect of intensity modulator ［J］. Optics Letters, 2011, 26 (14): 2749 – 2751.

［190］ Tang P B, Huber D, Akinci B. Characterization of laser scanners and algorithms for detecting flatness defects on concrete surfaces ［J］. Journal of Computing in Civil Engineering, 2011, 25 (1): 31 – 42.

［191］ Geng J H, Wang Q, Jiang S B. High-spectral-flatness mid-infrared supercontinuum generated from a Tm-doped fiber amplifier ［J］. Applied Optics, 2012, 51 (7): 834 – 840.

［192］ Supradeepa V R, Weiner A M. Bandwidth scaling and spectral flatness enhancement of optical frequency combs from phase-modulated continuous-wave lasers using cascaded four-wave mixing [J]. Optics Letters, 2012, 37 (15): 3066 – 3068.

[193] Houari A, Renaudineau H, Martin J P, et al. Flatness-based control of three-phase inverter with output LC filter [J]. IEEE Transactions on Industrial Electronics, 2012, 59 (7): 2890 – 2897.

[194] Pahlevaninezhad M, Das P, Drobnik J, et al. A new control approach based on the differential flatness theory for an AC/DC converter used in electric vehicles [J]. Ieee Transactions on Power Electronics, 2012, 27 (4): 2085 – 2103.

[195] Levine J. On necessary and sufficient conditions for differential flatness [J]. Applicable Algebra in Engineering Communication and Computing, 2011, 22 (1): 47 – 90.

[196] Variani M H, Tomsovic K. Two-level control of doubly fed induction generator using flatness-based approach [J]. IEEE Transactions on Power Systems, 2016, 31 (1): 518 – 525.

[197] Vallada E, Ruiz R. A genetic algorithm for the unrelated parallel machine scheduling problem with sequence dependent setup times [J]. European Journal of Operational Research, 2011, 211 (3): 612 – 622.

[198] Bhatti M S, Kapoor D, Kalia R K, et al. RSM and ANN modeling for electrocoagulation of copper from simulated wastewater: multi objective optimization using genetic algorithm approach [J]. Desalination, 2011, 274 (1 – 3): 74 – 80.

[199] Fuggini C, Chatzi E, Zangani D. Combining genetic algorithms with a meso-scale approach for system identification of a smart polymeric textile [J]. Computer-Aided Civil and Infrastructure Engineering, 2013, 28 (3): 227 – 245.

[200] Putha R, Quadrifoglio L, Zechman E. Comparing ant colony optimization and genetic algorithm approaches for solving traffic signal coordination under oversaturation conditions [J]. Computer-Aided Civil and Infrastructure Engineering, 2012, 27 (1): 14 – 28.

[201] Uguz H. A two-stage feature selection method for text categorization by using information gain, principal component analysis and genetic algorithm [J]. Knowledge-Based Systems, 2011, 24 (7): 1024 – 1032.

[202] Baek S H, Park D H, Bozdogan H. Hybrid kernel density estimation for discriminant analysis with information complexity and genetic algorithm [J]. Knowledge-Based Systems, 2016, 99: 79 – 91.

[203] Sgambi L, Gkoumas K, Bontempi F. Genetic algorithms for the dependability assurance

in the design of a Long-Span suspension bridge [J]. Computer-Aided Civil and Infrastructure Engineering, 2012, 27 (9): 655 – 675.

[204] Finkelman B S, Gage B F, Johnson J A, et al. Genetic warfarin dosing tables versus algorithms [J]. Journal of the American College of Cardiology, 2011, 57 (5): 612 – 618.

[205] Bobadilla J, Ortega F, Hernando A, et al. Improving collaborative filtering recommender system results and performance using genetic algorithms [J]. Knowledge-Based Systems, 2011, 24 (8): 1310 – 1316.

[206] Valdez F, Melin P, Castillo O. An improved evolutionary method with fuzzy logic for combining particle swarm optimization and genetic algorithms [J]. Applied Soft Computing, 2011, 11 (2): 2625 – 2632.

[207] Goncalves J F, Resende M G C. Biased random-key genetic algorithms for combinatorial optimization [J]. Journal of Heuristics, 2011, 17 (5): 487 – 525.

[208] Marano G C, Quaranta G, Monti G. Modified genetic algorithm for the dynamic identification of structural systems using incomplete measurements [J]. Computer-Aided Civil and Infrastructure Engineering, 2011, 26 (2): 92 – 110.

[209] Mersha A G, Dempe S. Feasible direction method for bilevel programming problem [J]. Optimization, 2012, 61 (5): 597 – 616.

[210] Herskovits J, Freire W P, Fo M T, et al. A feasible directions method for nonsmooth convex optimization [J]. Structural and Multidisciplinary Optimization, 2011, 44 (3): 363 – 377.

[211] Ketabchi S, Moosaei H. Optimal error correction and methods of feasible directions [J]. Journal of Optimization Theory and Applications, 2012, 154 (1): 209 – 216.